浙江省普通高校"十三五"新形态教材
高等院校数字化融媒体特色教材
浙江省高等学校在线开放课程配套教材

U0179594

免疫学

Immunology

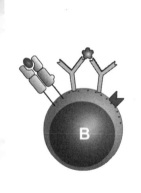

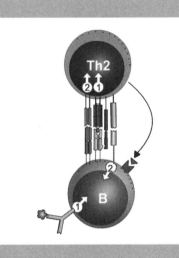

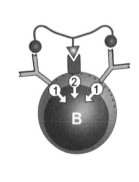

主　编 ◎ 陈永富

副主编 ◎ 钱国英　张　捷　汪财生

ZHEJIANG UNIVERSITY PRESS
浙江大学出版社

自 序

2016 年 11 月,国务院印发的《"十三五"国家战略性新兴产业发展规划》指出,要加快生物产业创新发展步伐,培育生物经济新动力。

2017 年 4 月,科技部印发的《"十三五"生物技术创新专项规划》,要求抢占生物技术竞争的战略制高点,加快培育生物技术高新企业和新兴产业,推进由生物技术大国向生物技术强国转变,为经济社会可持续发展提供坚实的科技支撑。

2019 年 6 月 24 日,国务院印发《关于实施健康中国行动的意见》;2019 年 6 月 24 日,国务院办公厅印发《健康中国行动组织实施和考核方案》;2019 年 7 月 9 日,健康中国行动推进委员会印发《健康中国行动(2019—2030 年)》。按照有关规划,到 2020 年,我国健康服务业总规模将达到 8 万亿元以上,2030 年将达到 16 万亿元。8 万亿元约占我国 2018 年 GDP 的 9%,健康产业大发展,生物医药产业大有可为,免疫制剂产业成为朝阳产业。

2019 年 11 月 6 日浙江省发展改革委、省经信厅、省科技厅印发的《浙江省生物经济发展行动计划(2019—2022 年)》明确提出,要加快推动以生物医药、生物数字服务业、生物农业、生物基材料、生物环保、生物能源、海洋生物等领域为重点的生物经济发展,到 2022 年,生物经济成为浙江省经济新的增长点,基本建成生物科技创新中心、制造中心和生物数字服务中心。

浙江万里学院的"免疫学"课程为浙江省级一流本科课程、浙江省高等学校在线开放课程、浙江省本科院校"互联网+教学"示范课程,是国家级一流专业——生物技术专业、浙江省特色专业——生物工程专业的重要专业基础课程。课程建设围绕人才培养目标,在教学内容、教学模式上做了多年的探索与改革,形成了一系列建设成果。

本教材是在浙江大学出版社的指导下,利用移动互联网技术与纸质教材有机融合的课程型教材融媒体出版平台,以嵌入二维码的纸质教材为载体,将教材、课堂、教学资源三者融合,实现线上线下结合的新形态教材。

本教材结合"新工科"建设要求,确立"学生中心、产出导向、持续改进"的理念,将教学内容重新整合,立足免疫制剂产业的行业需求和人才培养目标,以免疫制剂产业的三大种类——诊断制剂、预防制剂、治疗制剂的理论知识与制备技能为主线,强化应用,切实提升课程的高阶性(能运用所学的知识,分析解决生产问题),突出课程的创新性("互联网+",实施自主性、探究式、个性化学习),增加课程的挑战度(增加综合性、研究性、产业化内容),实现课程目标有效支撑人才培养目标达成。

本教材结合"互联网+教学"的特点,围绕学生学习能力的培养,建立线上线下、多元互动的教与学模式,构建以学习者为中心的教育生态;学习者进入"免疫学"浙江省高等学校在线开放课程共享平台、宁波高校慕课联盟平台、微助教平台等进行线上学习,下载或观看学术进展、微课视频、课件、动画等资源,完成知识点测试、章节作业、试卷测试等线上作业,通过平台开展师生、生生多元互动交流。

本书的主要特点如下:

1.教学内容体系清晰。以免疫制剂产业的三大种类——诊断制剂、预防制剂、治疗制剂的理论知识与制备技能为主线来安排理论教学内容与实践教学内容,全书包括绪论、免疫系统与免疫活性分子、免疫刺激分子与免疫应答、免疫检测与免疫制剂制备等四个方面的内容。

2.线上教学资源丰富。每章设有内容体系、课前思考、本章重点、教学要求、课后思考等板块。以嵌入二维码形式,提供微课视频、知识点课件、知识点测验题、章节作业、研究性学习主题、课外拓展等,实现优质资源同步更新、开放、共享。

本教材由课程组老师共同编写,由主讲教师陈永富统稿。在教材编写过程中得到浙江万里学院生物与环境学院副院长尹尚军教授的热忱关怀与帮助,在此,表示由衷的感谢。

书中的一些资料与图谱参阅了相关教材、杂志和网络资源,正文中不一一写明出处,对原作者表示衷心感谢。

本教材适用于生物技术、生物工程、生物制药等专业,也可供其他相关专业师生参考。

本书编撰过程中力求体现教育部关于一流本科课程建设与浙江省普通高校新形态教材建设的要求,充分利用移动互联网,实现随时随地学习、交流与互动,实现"教师与教师、教师与学生的互联"、"线上资源与线下资源的互联"、"课堂教学与课后教学的互联",但限于我们的学识和水平,难免存在许多不足之处,敬请各位老师与同学提出宝贵意见。

加入"免疫学"在线平台学习的方法:

1. 登录浙江省高等学校在线开放课程共享平台(https：//www. zjooc. cn/)或宁波高校慕课联盟平台(http：//ningbo. nbdlib. cn/portal)，搜索课程"免疫学"并加入学习，主讲教师为陈永富。

2. 登录微助教平台(https：//www. teachermate. com. cn/user-login)，请使用微信扫描二维码，加入课程学习。

3. 欢迎其他高校的老师一起来共建、共享"免疫学"课程。

4. 有什么建议、意见，索要资料，请在以上平台的"在线交流"中留言。

谢谢各位读者阅读本书。

陈永富

前　言

　　当今世界,科学技术发展突飞猛进,新兴学科、交叉学科不断涌现,科技进步对经济社会的影响日益广泛和深刻。伴随着信息科技革命浪潮,生命科学的发展正在展现出不可限量的前景。越来越多的人感到,一个生命科学的新纪元已经来临,基因工程、细胞工程、酶与发酵工程、组织工程、蛋白质工程、抗体工程、干细胞研究、克隆技术、转基因技术、纳米生物技术、高通量筛选技术等,大大加快了基因工程药物和疫苗的研制,以及推进了对重大疾病新疗法的研究进程。生物技术在食品、环保、化工、能源等行业也有广阔的应用前景。据估计,2020 年,包括单克隆抗体、重组蛋白、疫苗及基因和细胞治疗药物等的生物药市场规模超 3000 亿元,中国将成全球第二大生物医药市场。生物药是目前世界上最畅销的医药产品。2018 年的十大畅销药物中,八种为生物药,其中包括七种抗体药物,一种疫苗,该八种生物药的销售收入占 2018 年十大畅销药物总销售收入的 82.5%。

　　免疫学的内容十分广博,与多学科交叉,在生物类、医药类专业课程体系中占有重要的地位。免疫学与抗体工程、细胞生物学与细胞工程、基因工程等有密切的关系。免疫学为传染病的诊断和防治、生物制品与制药、微生物检测与鉴别、细胞因子产品的研发等起到打基础、夯基石的作用。

　　免疫学课程的深奥、抽象、难懂,使初学者望而生畏。在免疫学学习中,除了教师要运用比喻、拟人等修辞手法,利用情景、案例等载体,把深奥的知识转化为浅显易懂的知识外,还需要同学们掌握正确的学习方法,培养自主学习的能力,注重课外学习。建议:①掌握免疫学学习的关键点——免疫学结构体系的特点。重点放在免疫学基础部分,着重掌握免疫的功能、免疫器官、免疫细胞、抗体、补体、细胞因子、抗原、主要组织相容性抗原、白细胞分化抗原、免疫应答等方面的基本概念、基本知识,并在此基础上深刻理解、融会贯通。②记忆是基础,理解是关键,注意与实际相结合。从学科特点看,免疫学具有形态学和功能学相结合的特点,常以形态学为基础,但落脚在功能学上,形态结构是为功能服务的,学习中必须抓住功能这个"重中之重"。要注意运用所学的免疫学知识分析实际问题,学以致用,以促进、加深对所学知识的认识和理解。③多看多练,深入思考与讨论,加强归纳总结、综合应用的训练,将前后的知识融会贯通。整个免疫学学习中,要求同学们在学习每一章节的同时,扫描教材中嵌入的微课视频、知识点课件、知识点测验题、章节作业、课程思政题、研究性学习主题、课外拓展等二维码,学习相关的内容。

　　尽管免疫学的学习有一定的难度,但也是一种挑战。只要我们掌握好免疫学结构体系的特点,抓住重点,努力做到理解基础上的记忆,勤学巧学,多思考、多讨论,就一定能掌握免疫学的基本概念、基本知识、基本理论。愿通过师生共同努力,认真学好免疫学,将免疫学知识应用于实践,更好造福于人类!

《免疫学》编写组

目　录

第一章

绪　论

内容体系

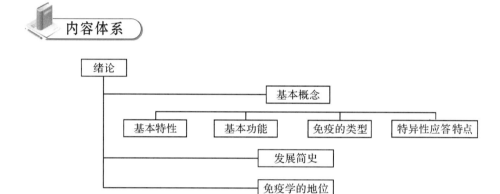

课前思考

1.你如何理解"免疫"？请你给免疫下一个定义。

2.注射过流感疫苗的人群为何不一定能预防下次流感的侵袭？

3.有外伤时,机体要化脓、发炎,而且仍有可能再次发炎,但得过某种传染病后一般不易再得同种传染病,为何？

4.新型冠状病毒肺炎患者治愈后会二次感染吗？治愈患者的血浆能用于疾病治疗吗？

5.免疫力过强或者过弱,好不好？为什么？

本章重点

1.免疫的基本概念、特性、功能、类型。

2.免疫的类型。

教学要求

1.掌握免疫的基本概念、特性、功能、类型。

2.熟悉免疫应答的类型。

3.了解免疫学发展简史,免疫学在生命科学中的地位。

第一节 基本概念

1-1 微课视频:绪论

对免疫的认识源于人类具有对传染性疾病的抵御能力。"免疫(immunity)"一词源于拉丁文 immunitas,其原意是免除税赋和差役,引入医学领域则指免除瘟疫(传染病)。通过人们百余年的科学实践,已极大拓宽了对免疫的认识,现代免疫学将"免疫"的概念定义为:是机体识别"自己"与"非己"抗原、维持机体内外环境平衡的一种生理学反应。换言之,机体识别非己抗原,对其产生免疫应答并清除之;正常机体对自身组织抗原成分则不产生免疫应答,即维持耐受。

1-2 知识点课件:绪论

一、免疫的基本特性

1. 识别自身和非自身。
2. 特异性:能识别非自身物质间的微小差异,如同分异构体、旋光性等。
3. 免疫记忆:有初次应答、再次应答。再次应答产生的抗体更多、更快,反应更强烈,例如,传染病康复后或疫苗免疫后能获得长期免疫力。

二、免疫的基本功能

免疫功能如同一把双刃剑,其对机体的影响具有双重性:在正常情况下,免疫功能使机体内环境得以维持稳定,具有保护性作用;在异常情况下,免疫功能可能导致某些病理过程的发生和发展。机体免疫系统通过对"自己"或"非己"物质的识别及应答(图1-1),主要发挥如下三种功能:

1. 免疫防御(immune defence) 即抗感染免疫,主要指机体针对外来抗原(如微生物及其毒素)的免疫保护作用。在异常情况下,此类功能也可能对机体产生不利影响,表现为:若应答过强或持续时间过长,则在清除致病微生物的同时,也可能导致组织损伤和功能异常,即发生超敏反应;若应答过低或缺如,则可发生免疫缺陷病。

2. 免疫自稳(immune homeostasis) 免疫细胞会把身体内的废物清出体外,这些废物有病原生物的尸体、老化死去的细胞、外来的杂质等;我们流出的汗与吐出的痰即属此类。该机制若发生异常,可能使机体对"自己"或"非己"抗原的应答出现紊乱,从而导致自身免疫病的发生。

3. 免疫监视(immune surveillance) 由于各种体内外因素的影响,正常个体的组织细胞不断发生畸变和突变。机体免疫系统可识别此类异常细胞并将其清除,此为免疫监视。若该功能发生异常,可能导致肿瘤的发生或持续的病毒感染(表1-1)。

| (A) 免疫防御 | (B)免疫自稳 | (C)免疫监视 |

图 1-1 免疫的基本功能

表 1-1 免疫功能的正常与异常表现

功能	正常表现	异常表现
免疫防御	清除病原微生物(抗感染免疫)	过强:超敏反应 过弱:免疫缺陷病(慢性感染)
免疫稳定	对自身组织成分耐受(消除损伤或衰老细胞)	过强:自身免疫性疾病
免疫监视	清除突变或癌变细胞(抗肿瘤免疫)	过弱:肿瘤发生(病毒持续感染)

三、免疫的类型

机体的"免疫"可分为天然免疫和获得性免疫两类。

1. 天然免疫(innate immunity) 即固有免疫,是机体抵御微生物侵袭的第一道防线。其特点是:个体出生时即具备,作用范围广,并非针对特定抗原,故亦称为非特异性免疫(nonspecific immunity)。此类免疫的主要机制为:皮肤、黏膜及其分泌的抑菌/杀菌物质的屏障效应;体内多种非特异性免疫效应细胞和效应分子的生物学作用。

2. 获得性免疫(acquired immunity) 即适应性免疫(adaptive immunity),乃个体接触特定抗原而产生,仅针对该特定抗原而发生反应,故亦称为特异性免疫(specific immunity)。此类免疫主要由能够特异性识别抗原的免疫细胞(即 T 淋巴细胞和 B 淋巴细胞)所承担,其所产生的效应在机体抗感染和其他免疫学机制中发挥主导作用。天然免疫与获得性免疫的比较见表 1-2。特异性免疫应答的基本过程是:T 淋巴细胞和 B 淋巴细胞特异性识别抗原并被活化,继而分化为效应细胞,最终介导细胞免疫或体液免疫效应(如清除病原体等)。

表 1-2 天然免疫与获得性免疫的比较

比较项目	天然免疫(非特异性免疫)	获得性免疫(特异性免疫)
有无抗原依赖性	抗原非依赖性	抗原依赖性
达到最大反应的时间	立即达到最大反应	达到最大反应时间滞后(96h 后)
有无抗原特异性	无抗原特异性	抗原特异性
有无免疫记忆	无免疫记忆	产生免疫记忆

四、特异性免疫应答及其特点

特异性免疫应答(简称免疫应答)是由抗原刺激机体免疫系统所致,包括抗原特异性淋巴细胞对抗原的识别、活化、增殖、分化及产生免疫效应的全过程。免疫应答具有如下特点:

1. 特异性 获得性免疫的特异性表现为:一方面,特定的免疫细胞克隆仅能识别特定抗原;另一方面,应答中所形成的效应细胞和效应分子(抗体)仅能与诱导其产生的特定抗原发生反应。

2. 记忆性 获得性免疫的记忆性表现为:参与特异性免疫的 T 淋巴细胞和 B 淋巴细胞均具有保存抗原信息的功能。它们初次接触特定抗原并产生应答后,可形成特异性记忆细胞,以后再次接受相同抗原刺激时,可迅速被激活并大量扩增,产生强的再次应答。获得性免疫的记忆性可由图 1-2 表示。

3. 耐受性 免疫细胞接受抗原刺激后,既可产生针对特定抗原的特异性应答,也可表现为针对特定抗原的特异性不应答,后者即为免疫耐受。机体对自身组织成分的耐受遭破坏或对致病抗原(如肿瘤抗原或病毒抗原)产生耐受,均可导致某些病理过程的发生。

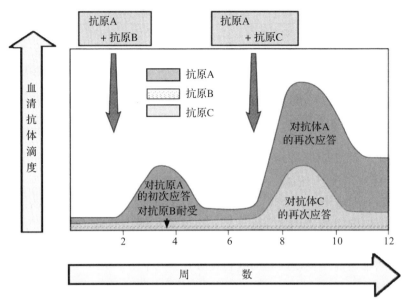

图 1-2　免疫应答的记忆性

第二节　免疫学发展简史

免疫学建立至今已有数百年历史,根据其特点可分为若干时期。

一、经验免疫学时期(17—19 世纪)

早在 16—17 世纪(明代)我国史书已有正式记载:将沾有疱浆的天花患者衣服给正常儿童穿戴,或将天花愈合后的局部痂皮磨碎成细粉,经鼻给正常儿童吸入,可预防天花。这种应用人痘苗预防疾病的医学实践,可视为人类认识机体免疫力的开端,也是我国传统医学对人类的伟大贡献。18 世纪初,我国应用痘苗预防天花的方法传至国外,并为以后牛痘苗和减毒疫苗的发明提供了宝贵经验。至 18 世纪末,英国医生 Edward Jenner 首先观察到挤奶女工感染牛痘后不易患天花,继而通过人体实验确认接种牛痘苗可预防天花。他把接种牛痘称为"Vaccination"(拉丁文 Vacca 为牛),于 1798 年发表了相关论文。接种牛痘苗乃划时代的发明,为人类传染病的预防开创了人工免疫的先河(图 1-3)。在此阶段,人们对免疫学现象主要为感性认识,故被称为经验免疫学时期。1978 年,世界卫生组织(WHO)宣布人类消灭了天花。

(A) 中国古代种人痘　　　(B) Edward Jenner种牛痘

图 1-3　种牛痘

二、经典免疫学时期(19 世纪中叶—20 世纪中叶)

自 19 世纪中叶开始,Pastuer 等(图 1-4)先后发现多种病原菌,极大地促进了疫苗的发展和使用。人们开始尝试应用灭活及减毒的病原体制成多种疫苗,分别预防不同传染性疾病。免疫学在此期的发展与微生物学密切相关,并成为微生物学的一个分支。此时,人们对"免疫"的认识已不仅限于单纯地观察人体现象,而是进入了科学实验时期。

Pastuer　　　　　Behring　　　　　Kitasato

图 1-4　免疫学家

(一)抗体的发现

德国学者 Behring 和日本学者 Kitasato(图 1-4)于 1890 年在 Koch 研究所应用白喉外毒素给动物免疫,发现在其血清中有一种能中和外毒素的物质,称为抗毒素。将这种免疫血清转移给正常动物也有中和外毒素的作用。这种被动免疫法很快应用于临床治疗。Behring 于 1891 年应用来自动物的免疫血清成功地治疗了一个白喉患者,这是第一个被动免疫治疗的病例。为此,他于 1901 年获得了首届诺贝尔生理学或医学奖。

20 世纪 30 年代,Tiselius 和 Kabat 用电泳鉴定,证明抗体(antibody,Ab)是 γ-球蛋白。动物在免疫后,血清中 γ-球蛋白显著增高,此部分有抗体活性,从而可将抗体从血清中分离出来。抗体主要存在于 γ-球蛋白。抗体是四肽链结构。1959 年,Porter 和 Edelman 对抗体结构进行研究,证明是由四条对称的多肽链构成的单体,包括两条相同的相对分子质量较大的重链和两条相同的相对分子质量较小的轻链构成(图 1-5)。

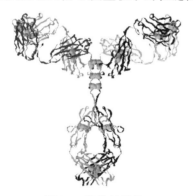
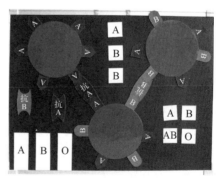

图 1-5　抗体的结构　　　　　　图 1-6　ABO 血型

(二)抗原的结构与抗原特异性

从 20 世纪初开始,Landsteiner 将芳香族有机化学分子耦联到蛋白质分子上,免疫动物,研究芳香族分子的结构与活性基团部位对产生抗体特异性的影响,认识到决定抗原特异性的是很小的分子,它们的结构不同,使其抗原性不同。据此,Landsteiner 发现人红细胞表面表达的糖蛋白中,其末端寡糖特点决定了它的抗原性,从而发现了 ABO 血型(图 1-6),避免了输血导致严重超敏反应的问题。

(三)超敏反应

早在 20 世纪初即发现:应用动物来源的 Ab 作临床治疗,能引起患者的血清病,严重者致休克。后来,von Pirguet 证明,对结核病患者进行结核菌素的皮肤划痕试验,能致局部显著的病理改变(图 1-7)。他将这类由免疫应答而致的疾病称为变态反应(allergy),从而揭示超敏的、不适宜的免疫应答对机体有害的一面。

图 1-7　超敏反应

(四)免疫耐受的发现

1945 年,Owen 发现,异卵双生的两头小牛个体内有两种血型红细胞共存,称为血型细胞镶嵌现象(图 1-8)。这种不同血型细胞在彼此体内互不引起免疫反应,把这种现象称为天然耐受。

1953 年,Medawar 等进一步用实验证实了这一免疫耐受现象(图 1-9)。

图 1-8　血型细胞镶嵌现象

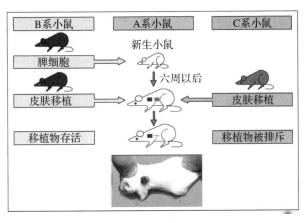

图 1-9　免疫耐受

(五)免疫应答机制的研究

关于机体免疫机制的研究和探讨,出现了两派学说。

1.细胞免疫　俄国梅契尼可,发现白细胞有吞噬功能,能吞噬和清除各种病原微生物。

2.体液免疫　德国欧立希,体液中产生的抗体,能清除各种病原微生物。

(六)Burnet 学说及其对免疫学发展的推动作用——克隆选择学说

Burnet 在前人研究的基础上于 1959 年提出了克隆选择学说(图 1-10),为免疫生物学发展奠定了理论基础,使免疫学超越了传统的抗感染免疫,从而开启了现代免疫学新阶段。人们从整体、器官、细胞、分子和基因水平探讨免疫系统的结构与功能,并阐明基本免疫学现象的本质及其机制,在涉及免疫学基础理论和实践应用的各领域展开了深入而系统的研究,并不断取得突破性进展,对生物学和医学发展产生了深刻影响。至今,免疫学已发展为覆盖面极广的前沿学科,并成为现代生物医学的支柱学科之一。

克隆选择学说的要点有以下四点:

1.体内存在多种针对各种抗原的免疫细胞克隆,其表面有识别抗原的受体(一个克隆针对一种抗原)。

2.抗原进入机体内选择相应细胞克隆,使其活化、增殖,分化成抗体产生细胞或免疫效应细胞。

3.胚胎期某一免疫细胞克隆接触相应的抗原,如自身成分,则被排除或处于抑制状态,称为禁忌克隆,不能对自身抗原产生免疫应答而形成自身耐受。

4. 在某些情况下,禁忌细胞株可以活化,对自身抗原发生免疫应答而形成自身免疫或自身免疫性疾病。

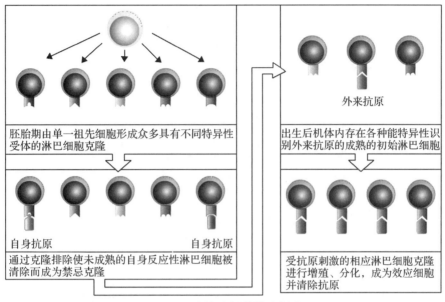

胚胎期由单一祖先细胞形成众多具有不同特异性受体的淋巴细胞克隆	出生后机体内存在各种能特异性识别外来抗原的成熟的初始淋巴细胞
通过克隆排除使未成熟的自身反应性淋巴细胞被清除而成为禁忌克隆	受抗原刺激的相应淋巴细胞克隆进行增殖、分化,成为效应细胞并清除抗原

图 1-10 克隆选择学说示意图

三、现代免疫学时期(自 20 世纪中叶至今)

(一)抗原识别受体多样性的产生

1978 年,发现抗体基因重排是 B 细胞抗原识别受体多样性的原因(图 1-11)。

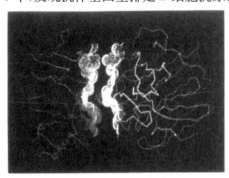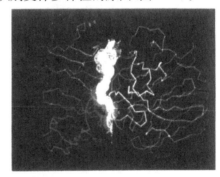

图 1-11 抗原识别受体多样性

(二)信号转导途径的发现

20 世纪 80 年代,发现了 T 淋巴细胞识别抗原的 MHC 限制性。90 年代,发现 T 淋巴细胞活化需要双信号作用(图 1-12)。

(三)细胞程序性死亡途径的发现

在研究杀伤性 T 淋巴细胞(cytotoxic T lymphocyte,CTL)对靶细胞的杀伤机制中(图 1-13),发现 CTL 表达 FasL,靶细胞表达 Fas,当 CTL 与靶细胞结合时,FasL 结合 Fas,活化一组半胱天冬(氨酸)蛋白酶(Caspase),Caspase 呈级联活化,致 DNA 断裂,细胞死亡(图 1-14)。

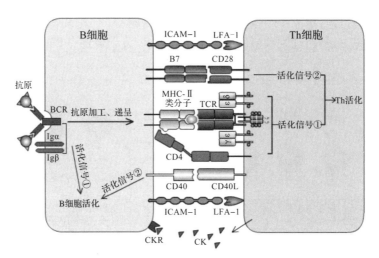

图 1-12　细胞活化双信号

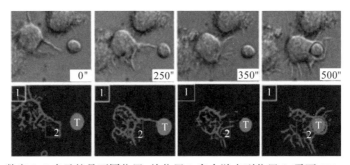

数字 1、2 表示的是不同位置,从位置 1 完全游走到位置 2,需要 500s。

图 1-13　CTL 杀伤细胞(电镜图)

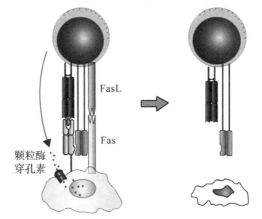

(A) CTL 活化杀伤靶细胞　　　　(B) CTL 解离及靶细胞死亡

图 1-14　CTL 杀伤靶细胞示意图

(四)造血与免疫细胞的发育

对人类细胞生成研究最为清楚的是免疫细胞,鉴定出造血干细胞(hematopoietic stem cell,HSC),证明它能分化为不同类型的血细胞及免疫细胞。这项研究技术的推广,导致神经干细胞的发现,并证明它能分化为各类神经细胞和免疫细胞。现已有多种组织器官特异的干细胞被鉴定成功(图 1-15)。

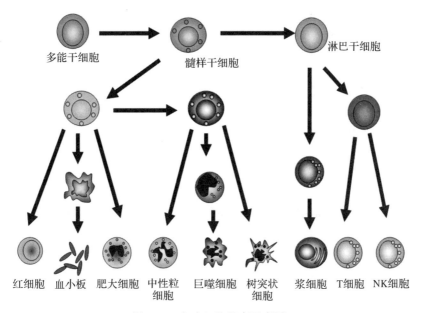

多能干细胞　髓样干细胞　淋巴干细胞

红细胞　血小板　肥大细胞　中性粒细胞　巨噬细胞　树突状细胞　浆细胞　T细胞　NK细胞

图 1-15　免疫细胞发育示意图

四、应用免疫学的发展

应用基因工程开发免疫学制品,使之得以大规模低成本生产;新型细胞因子的发现及应用,使多种免疫细胞在体外扩增培养成功,用于临床;分子生物学技术的发展,使人源抗体问世;对免疫途径及效应识别的了解,提供了预防自身免疫病的新途径。免疫学应用研究已在更广阔、更高水平上得以开拓。

(一)核酸疫苗

核酸疫苗有 DNA 疫苗和 RNA 疫苗。DNA 疫苗可以是裸 DNA 疫苗,也可以包含佐剂或载体。将编码某种蛋白抗原的 DNA 直接注射到动物体内,使外源基因在宿主细胞内得到表达,再递呈给免疫系统,从而诱导特异性体液免疫和细胞免疫,尤其是细胞毒性 T 淋巴细胞的杀伤作用。这个过程很快,只要基因注射即可,因此,研发周期也相对较快。

核酸疫苗的优势在于表达产物以天然抗原的形式递呈给免疫系统,无逆转风险,生产周期短,技术简便且稳定性高;缺陷在于免疫原性较差。

(二)基因工程制备重组细胞因子

应用大肠杆菌、酵母及昆虫细胞等生产人类基因重组细胞因子已广泛应用于临床。重组人红细胞生成素(recombinant human erythropoietin, EPO)及粒细胞集落刺激因子(granulocyte colony stimulating factor, G-CSF)等的临床使用,效果显著,经济效应巨大。更多的重组细胞因子正在临床试用中。

目前,市场上主要的国产重组细胞因子类药物包括干扰素(interferon, IFN)、白细胞介素-2(interleukin-2, IL-2)、G-CSF、重组表皮生长因子(recombinant human epidermal growth factor, rEGF)、重组链激酶(recombinant streptokinase, rSK)等 15 种基因工程药物。组织溶纤原激活剂(tissue-type plasminogen ativator, T-PA)、白细胞介素-3(interleukin-3, IL-3)、重组人胰岛素(recombinant human insulin)、尿激酶(urokinase)等十几种多肽药物正处于临床Ⅱ期试验阶段,单克隆抗体的研制已从实验阶段进入临床阶段。正在研究中的项目包括采用新的高效表达系统生产重组凝乳酶等 40 多种基因工程新药。2018 年 5 月,中国全球首创生物新药重组细胞因子基因衍生蛋白注射液(商品名:"乐复能")获得国家食药监局的Ⅰ类生物新药证书。这是 30 多年来,世界上首次出现的第 3 类乙肝治疗药物,将打破乙型肝炎 e 抗原血清学转换率不会超过 30% 的极限。

(三)免疫细胞治疗

造血干细胞及效应细胞毒性 T 淋巴细胞在适宜细胞因子存在的条件下,已能体外培养扩增,用于临床治疗。树突状细胞(dendritic cell,DC)的体外分化成熟,用以递呈抗原,使 T 淋巴细胞活化效果显著提高,已用于肿瘤治疗。

1-3 课外拓展

癌症免疫疗法集中于"增强"免疫反应中的关键步骤。这些增强策略通常分为两种。

第一种方法是利用免疫系统的效应细胞/分子直接攻击肿瘤细胞,这被称为"被动"免疫疗法。此类别包括:

1. 抗体靶向疗法及其衍生物(如抗体-药物偶联物)。

2. 过继性免疫细胞疗法。

3. 最新的基因工程 T 细胞,如嵌合抗原受体(CAR)-T 细胞、T 细胞受体(TCR)-T 细胞等。

被动免疫疗法可将免疫系统提升到更高水平。最著名的实例是用于乳腺癌的抗 Her2/neu 单克隆抗体(monoclonal antibody,mAb),用于结肠直肠癌或头颈癌的抗 EGFR mAb,以及用于 B 淋巴瘤的抗白细胞分化抗原(leukocyte differentiation antigen 20,CD20)mAb 等。

第二种方法是通过调控内源的免疫调节机制/免疫激活机制,来增强放大免疫系统的激活,这也被称为"主动(active)"免疫疗法。根据免疫应答步骤,我们可以达到以下目的:

1. 增强抗原递呈细胞(antigen presenting cell,APC)对抗原的摄取、加工和递呈给 T 细胞,例如通过抗原/佐剂疫苗和树突细胞疫苗——这也可以扩展到细胞因子或药物促进 APC 活性,如Ⅰ型干扰素(type Ⅰ interferon,IFNs)、Toll 样受体(Toll-like receptor,TLR)激动剂和干扰素刺激基因(interferon stimulated gene,ISG)激动剂。

2. 增强未分化幼稚 T 细胞(naive T cell)的活化和扩增,例如,树突细胞疫苗和抗细胞毒性 T 淋巴细胞抗原-4(cytotoxic T lymphocyte-associated antigen 4,CTLA-4)单克隆抗体。CTLA-4 和程序性死亡受体-1(programmed death 1,PD-1)共享 2018 年度诺贝尔生理学或医学奖。

3. 强化免疫应答的效应阶段,例如,使用离体刺激和扩增的肿瘤浸润 T 淋巴细胞(tumor infiltrating T lymphocytes,TILs,能渗透肿瘤内的 T 淋巴细胞)输注回癌症患者的细胞过继疗法。

(四)人源化抗体

人源化抗体主要指鼠源单克隆抗体用基因克隆及 DNA 重组技术改造,重新表达的抗体,其大部分氨基酸序列被人源序列取代,基本保留亲本鼠单克隆抗体的亲和力和特异性,又降低了其异源性,有利于人体应用。

人源化抗体就是指抗体的恒定区部分(即 C_H 和 C_L 区)或抗体全部由人类抗体基因所编码。人源化抗体可以大大减少异源抗体对人类机体造成的免疫副反应。人源化抗体包括嵌合抗体、改型抗体和全人源化抗体等几类。

抗体治疗已在抗感染、抗肿瘤、抗自身免疫病中广泛使用,但不同动物种属来源的抗体,在应用中有致过敏的危险,且多次使用会失效。现已能用小鼠制备人的抗体,即将小鼠免疫球蛋白(immunoglobulin,Ig)基因全部或大部分敲除,转入人 Ig 基因,培育成的小鼠,在抗原刺激下,能产生完全人源的抗体,其效果提高,且因无小鼠成分而不会被排斥。

(五)免疫生物治疗

DNA 疫苗、基因工程抗体靶向治疗、基因工程细胞因子和其他肽类分子等均已开始在临床得到应用;细胞过继疗法已用于多种血液病及肿瘤的治疗。

通过血细胞分离器收集患者的外周血单核细胞。在万级洁净实验室中,分离单核细胞并置于培养瓶中。加入培养基和细胞因子以刺激细胞活化和增殖。细胞培养 7～14d 后,细胞数量增加到原始数量的数百至数千倍,免疫杀伤能力增加 20～100 倍。采血 7～14d 后,开始输注树突状细胞(DC)和细胞因子诱导的杀伤细胞(cytokine-induced killer,CIK)。经过多个疗程的治疗,有效杀灭患者的肿瘤细胞,促进康复,提高患者的生活质量。

2018 年 8 月 28 日,由广东省人民医院终身主任吴一龙教授研制、百时美施贵宝公司(BMS)生产的 PD-1 抑制剂正式获批上市,非小细胞肺癌患者用上了期待已久的药物。

2019 年 11 月 22 日,一 60 岁患者成为首位注射 PD-L1 抑制剂的肺癌患者。

2019 年 12 月 11 日,帕妥珠单抗(商品名:帕捷特)在中国获批用于人表皮生长因子受体 2(human epidermal growth factor receptor 2,HER2)阳性晚期乳腺癌患者的一线治疗。

肿瘤免疫治疗未来发展趋势是:

1.与其他治疗手段联用。PD-1 单抗与 CAR-T 细胞联合运用＋传统治疗手段。

2.继续寻找更多的类似 PD-1 靶点。本庶佑教授在获得诺贝尔奖后的第二天即宣布将把诺贝尔奖的奖金捐献出来用于寻找更为有效的肿瘤治疗靶点。

3.双特异性功能抗体。①同时识别两个肿瘤靶点,又同时与 NK 和 T 细胞结合,从而增强对肿瘤细胞的杀伤效应;②双特异性抗体锚定于同一种细胞上的两种不同的受体,诱导癌症扩散信号或者炎症信号途径的改变。

4.分泌阻断性抗体的嵌合抗原受体 T 细胞(chimeric antigen receptor -T Cell,CAR-T 细胞)。纪念斯隆凯特琳癌症中心(MSKCC)的科学家建立了直接分泌 PD-1 抗体的 CAR-T 细胞,将检查点抑制剂直接设计到 CAR-T 细胞,检查点药物直接释放到肿瘤中,激活附近的 T 细胞,产生有利的“旁观者效应”,CAR-T 细胞与肿瘤细胞“作战”的同时能够获得宿主体内其他 T 细胞的帮助,从而一起对抗肿瘤。

一般认为,肿瘤的免疫生物治疗有可能成为继化学疗法、手术疗法、放射疗法之后的又一重要疗法(图 1-16)。

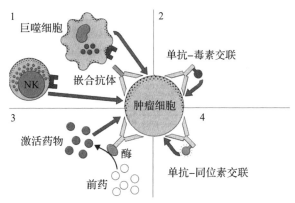

图 1-16　免疫生物治疗示意图

第三节　免疫学在生命科学中的重要地位

一、免疫学促进了生命科学的发展

作为一门新兴的交叉学科,免疫学研究进展为生命科学的持续发展不断注入新的活力,尤其对阐明生命活动的本质提供了重要线索。

1. 免疫应答涉及复杂的细胞间信息交通、细胞内信号转导和能量转换,阐明其本质,有助于深化对生命过程中诸多生物学现象基本特性的认识。

2. 广义上,机体所有生理功能均受遗传控制,但迄今对其确切机制知之甚少。近20年来免疫遗传学(以MHC/HLA为主要研究目标)进展迅速,揭示了遗传控制机体免疫应答的机制,从而为在基因水平探讨机体生理功能展示了广阔前景。

3. 随着许多基本免疫生物学现象的本质不断被阐明(如MHC的结构和功能、免疫球蛋白基因表达的等位排斥、免疫球蛋白及其他免疫因子的分子生物学特征、细胞因子表达及其调控机制等),极大地拓宽了分子生物学的研究领域,并深化了对真核细胞基因结构和表达调控的认识。

4. 日新月异并不断完善、改进的免疫学技术和试剂,为生命科学研究提供了有力手段。

二、免疫学极大地促进了生物产业的发展

免疫学从其建立之日始,所取得的每一项重要进展均对生物产业起到了巨大的推动作用,形成极富生命力的"基础研究—应用研究—高科技开发"发展模式。在免疫学建立之初,抗感染免疫研究进展有力推进了以疫苗研制为主的生物制品产业发展,并使人工主动免疫和被动免疫被广泛应用。近30年来,现代免疫学在更深层次和更广范围内推动了生物高新技术产业的发展。目前,以疫苗、细胞因子和单克隆抗体为主要产品的生物制药,已发展成具有巨大市场潜力的新兴产业。

例如,2019年11月11日,欧盟委员会宣布,批准默沙东公司生产的埃博拉疫苗ERVEBO上市。ERVEBO成为首支正式获批用于人体的埃博拉疫苗,对于人类抗击埃博拉病毒的战争具有里程碑式的意义。

据世界卫生组织(WHO)统计,全球新冠疫苗研发项目已有44个,至少有96家公司和学术团体在同时开发!2020年4月,我国成功研制重组新冠疫苗,已经获批启动临床试验!

综观免疫学的发展史,免疫学及其分支学科引人注目的进展,免疫学当之无愧地与神经生物学、分子生物学并列为生命科学三大支柱学科。作为支持这一评价的佐证之一,现将20世纪与21世纪获得诺贝尔生理学或医学奖的免疫学家及其主要成就列入表1-3中。

表1-3　20—21世纪获得诺贝尔生理学或医学奖的免疫学家及其获奖成就

年份	学者姓名	国家	获奖成就
1901	Behring	德国	发现抗毒素,开创免疫血清疗法
1905	Koch	德国	发现病原菌
1908	Ehrlich	德国	提出抗体生成侧链学说和体液免疫学说
	Metchnikoff	俄国	发现细胞吞噬作用,提出细胞免疫学说

续　表

年份	学者姓名	国家	获奖成就
1912	Carrel	法国	器官移植
1913	Richet	法国	发现过敏现象
1919	Bordet	比利时	发现补体
1930	Landsteiner	奥地利	发现人红细胞血型
1951	Theiler	南非	发明黄热病疫苗
1957	Bovert	意大利	抗组胺药治疗超敏反应
1960	Burnet	澳大利亚	提出抗体生成的克隆选择学说
	Medawar	英国	发现获得性移植免疫耐受性
1972	Edelman	美国	阐明抗体的化学结构
	Porter	英国	阐明抗体的化学结构
1977	Yallow	美国	创立放射免疫测定法
1980	Dausset	法国	发现人白细胞抗原
	Snell	美国	发现小鼠 H-2 系统
	Benacerraf	美国	发现免疫应答的遗传控制
1984	Jerne	丹麦	提出免疫网络学说
	Kohler	德国	杂交瘤技术制备单克隆抗体
	Milstein	英国	单克隆抗体技术及免疫球蛋白基因表达的遗传控制
1987	Tonegawa	日本	抗体多样性的遗传基础
1990	Murray	美国	第一例肾移植成功
	Thomas	美国	第一例骨髓移植成功
1996	Doherty	美国	提出 MHC 限制性,即 T 细胞的双识别模式
	Zinkernagel		
2011	BruceA. Beutler	美国	先天免疫激活方面的发现
	Jules A. Hoffmann	法国	先天免疫激活方面的发现
	Ralph M. Steinman	加拿大	发现树突状细胞及其在获得性免疫中的作用
2018	James P. Allison	美国	发现免疫系统制动器(CTLA-4)
	Tasukuonjo	日本	发现了 T 细胞表面受体 PD-1 抑制剂

三、现代生物学进展促进了免疫学发展

现代生命科学的特点之一,是多学科间表现出极为明显的交叉融合。现代生物学在过去数十年间取得的巨大进展,也有力促进了免疫学的发展。

1. 现代生物学进展拓宽并深化了免疫学理论和应用研究,依托现代细胞生物学、分子生物学和分子遗传学等学科的研究进展,使得有可能在分子和基因水平阐明免疫学现象的本质。

2. 现代生物学技术——推动免疫学发展的催化剂。

(1)基因操作与分析技术:基因打靶和各类反义技术可用于分析特定免疫分子或胞内信息分子的生物学功能;大规模 DNA 测序、新型基因分析技术(如限制性片段长度多态性、微卫星、单核苷酸多态性分析等)和 DNA 芯片等技术被建立,并不断提高其检测灵敏度和分辨率,从而有可能进行快速、高通量的基因分析;聚合酶链反应及其层出不穷的衍生技术,更为分子免疫学研究提供了有效手段。

(2)蛋白分析技术:借助基因工程技术,使得有可能按人们的意愿获得各种免疫分子或其

融合蛋白,并被广泛应用于免疫学研究领域;有赖于蛋白纯化技术的不断完善,可获得稳定的蛋白结晶体,用于分析免疫分子的三维结构;噬菌体肽库、酵母双杂交、计算机分子模拟技术等,可用于分析抗原表位和/或免疫分子间的相互作用;氨基酸多肽合成技术可用于分析多肽分子间细微的结构差异及其生物学功能的改变,并指导新型疫苗和药物设计;二维电泳可用于分析复杂的蛋白谱,并发现新的免疫功能分子;微量传感器(microsensor)可用于检测蛋白质、酶、胞内信息分子活性,并对抗体-抗原、受体-配体的结合及其亲和力进行分析。

1-4 章节作业

1-5 研究性
学习主题

（3）细胞与组织学技术:杂交瘤技术的建立为制备单克隆抗体奠定了基础;造血/胚胎干细胞培养与定向分化技术的完善,使得有可能深入研究免疫细胞的分化、发育及其调控;细胞分离技术(流式细胞分选、激光显微切割仪、免疫磁性微球等)和显微观察、分析技术(流式细胞术、激光共聚焦显微镜、隧道扫描显微镜、计算机成像与图像分析技术)为分析特定细胞群或单一细胞的生物学特征提供了工具。

1-6 新冠疫
情案例题

 课后思考

1. 免疫的基本概念。
2. 举例说明免疫的三大特性与功能。
3. 列出固有性免疫和适应性免疫的主要特征。

第二章

免疫系统

 内容体系

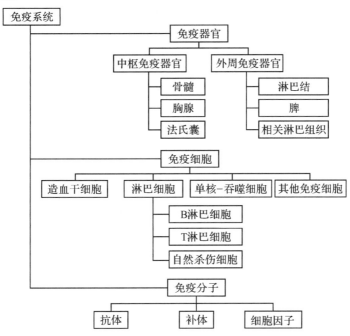

课前思考

1. 与机体的其他组织系统一样,免疫系统由哪些组织、器官、细胞组成?
2. 免疫的各器官、细胞有何特征? 在维护我们机体健康中各自起到怎样的作用?
3. 机体的免疫系统与国家的防御体系有何相似之处?

本章重点

1. 免疫系统的构成。
2. 免疫器官、免疫细胞的功能。

教学要求

1. 掌握免疫系统组成:免疫器官(中枢免疫器官、外周免疫器官)、免疫细胞、免疫分子,能

运用所学的知识,分析免疫系统是如何维持机体健康的。

2.掌握中枢免疫器官的组成:骨髓、胸腺的主要免疫功能,能分析中枢免疫器官是如何辅助外周免疫细胞的发育。

3.掌握外周免疫器官的组成:淋巴结、脾的主要免疫功能,能运用免疫的两种类型进行比较与分析。

机体抵御外界病原微生物的入侵有三道防卫系统。

1.皮肤、黏膜及其分泌物　皮肤、黏膜的机械阻挡作用和附属物(如纤毛)的清除作用;皮肤、黏膜分泌物(如汗腺分泌的乳酸、胃黏膜分泌的胃酸等)的杀菌作用;体表和与外界相通的腔道中寄居的正常微生物丛对入侵微生物的拮抗作用等。以上作用属于机体第一道防线(图 2-1)。抗原物质一旦突破第一道防线进入机体,即遭到机体内部屏障的清除,包括:淋巴和单核吞噬细胞系统屏障;正常体液中的一些非特异性杀菌物质;血-脑屏障和胎盘屏障等(图 2-1)。

2-1　微课视频:
非特异性免疫

2-2　知识点课件:
非特异性免疫

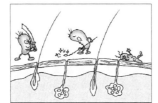
(A)皮肤的保护作用　　(B)呼吸道黏膜上纤毛的清扫作用

图 2-1　机体第一道防线

2.吞噬细胞、NK 细胞、抗菌蛋白、炎症应答——淋巴系统　微生物进入机体组织以后,多数沿组织细胞间隙的淋巴液经淋巴管到达淋巴结,但淋巴结内的巨噬细胞会消灭它们,阻止它们在机体内扩散,这就是淋巴屏障作用。如果微生物数量大,毒力强,就有可能冲破淋巴屏障,进入血液循环,扩散到组织器官中去。这时,它们会受到单核吞噬细胞系统屏障的阻挡。这是一类大的吞噬细胞。机体内还有一类较小的吞噬细胞,其中主要的是中性粒细胞和嗜酸性粒细胞,它们不属于单核吞噬细胞系统,但与单核吞噬细胞系统一样,分布于全身,对入侵的微生物和大分子物质有吞噬、消化和消除的作用。

在正常体液中的一些非特异性杀菌物质,如补体、调理素、溶菌酶、干扰素、乙型溶素、吞噬细胞杀菌素等,也与淋巴和单核吞噬细胞系统屏障一样,是机体的第二道防线,有助于消灭入侵的微生物(图 2-2)。

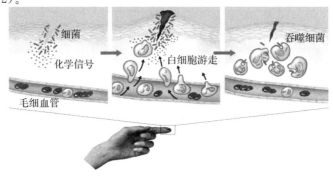

图 2-2　机体的第二道防线

3.免疫系统　特点:特异性、多样性、记忆性、识别自我与非我。

免疫系统(immune system)乃承担免疫功能的组织系统,是机体对抗原刺激产生应答、执行免疫效应的物质基础(图 2-3)。从宏观至微观进行描述,免疫系统包括免疫器官(中枢免疫器官和外周免疫器官)、免疫细胞(造血干细胞、淋巴细胞、单核吞噬细胞及其他免疫细胞)和免疫分子(抗体、补体、细胞因子)。

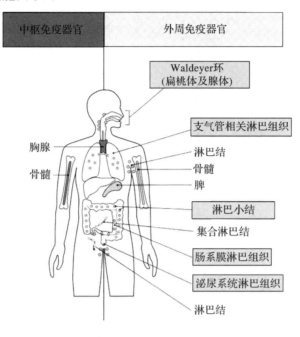

图 2-3　机体的第三道防线——免疫系统

第一节　中枢免疫器官

中枢免疫器官(central immune organ)是免疫细胞发生、分化、发育、成熟的场所,并对外周免疫器官的发育起主导作用,在某些情况下(如再次抗原刺激或自身抗原刺激)也是产生免疫应答的场所。人和其他哺乳类动物的中枢免疫器官包括骨髓、胸腺,鸟类腔上囊(法氏囊)的功能相当于人体的骨髓。

2-3　微课视频:免疫器官

2-4　知识点课件:免疫器官

一、骨髓

骨髓(bone marrow)是重要的中枢免疫器官,可分为红骨髓和白骨髓。红骨髓由结缔组织、血管、神经和实质细胞组成,呈海绵样存在于骨松质的腔隙中,具有活跃的造血功能。骨髓功能的发挥与其微环境有密切关系。骨髓微环境指造血细胞周围的微血管系统、末梢神经、网状细胞、基质细胞以及它们所表达的表面分子和所分泌的细胞因子。这些微环境组分是介导造血干细胞黏附、分化发育、参与淋巴细胞迁移和成熟的必需条件。骨髓是人和哺乳动物的造血器官(图 2-4),它具有如下功能:

1.各类免疫细胞发生的场所　骨髓造血干细胞具有分化成不同血细胞的能力,故被称为造血干细胞(HSC)。在骨髓微环境中,HSC 首先分化为髓样前体细胞(myeloid progenitor)和淋巴样前体细胞(lymphoid progenitor)。髓样前体细胞最终分化成熟为粒细胞、单核细胞、红细胞、血小板;淋巴样前体细胞分化为 T 淋巴细胞(T 细胞)、B 淋巴细胞(B 细胞)和自然杀伤细胞(NK 细胞)。

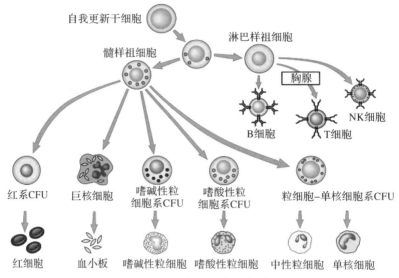

图 2-4　血细胞发育示意图

CFU:集落形成单位(colony forming unit)

2.B 淋巴细胞分化成熟的场所　骨髓中产生的淋巴样前体细胞循不同的途径分化发育:一部分经血液迁入胸腺,发育分化为成熟的 T 淋巴细胞;另一部分则在骨髓内继续分化为成熟 B 淋巴细胞。与 T 淋巴细胞在胸腺中分化的过程类似,在骨髓中也发生 B 淋巴细胞抗原受体(B cell receptor,BCR)等表面标志的表达、选择性发育或凋亡等。成熟的 B 淋巴细胞进入血液循环,最终也定居在外周免疫器官。

3.发生 B 淋巴细胞应答的场所　骨髓是发生再次体液免疫应答的主要部位,外周免疫器官中的记忆性 B 淋巴细胞在抗原刺激下被活化,经淋巴液和血液进入骨髓后分化成熟为浆细胞,并产生大量抗体释放至血液循环。外周免疫器官中所发生的再次应答,其产生抗体的速度快,但持续时间短;而骨髓中所发生的再次应答,其产生抗体的速度慢,但可缓慢、持久地产生大量抗体,从而成为血清抗体的主要来源。

最新研究成果表明,在一定的微环境中,骨髓中的造血干细胞和基质干细胞还可分化为其他组织的多能干细胞(如神经干细胞、心肌干细胞等),这一突破性进展开拓了骨髓生物学功能的全新领域,并可望在组织工程和临床医学中得到广泛应用。

二、胸腺

人的胸腺(thymus)随年龄不同而有明显差别(图 2-5)。新生期胸腺重量为 15～20g,以后逐渐增大,青春期可达 30～40g,其后随年龄增长而逐渐萎缩退化;老年期胸腺明显缩小,大部分被脂肪组织所取代。胸腺是 T 淋巴细胞分化、成熟的场所,其功能状态直接决定机体细胞免疫功能,并间接影响体液免疫功能。

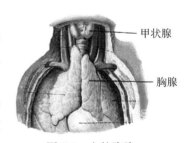

图 2-5　人的胸腺

(一)胸腺的解剖结构

胸腺的结构如图 2-6 所示。结缔组织被膜覆盖胸腺表面,并深入胸腺实质将其分隔成许多小叶。小叶的外层为皮质(cortex),内层为髓质(medulla),皮、髓质交界处含大量血管,皮质内 85%~90%的细胞为未成熟 T 淋巴细胞(即胸腺细胞),也存在少量上皮细胞、巨噬细胞(macrophage,Mφ)和树突状细胞(dendritic cell,DC)等。胸腺浅皮质内发育早期的胸腺上皮细胞也称抚育细胞(nurse cell),其在胸腺细胞分化中发挥重要作用。髓质内含大量上皮细胞、疏散分布的胸腺细胞、Mφ和 DC。

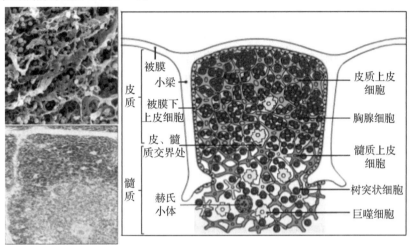

图 2-6　胸腺结构示意图

(二)胸腺的细胞组成:主要由胸腺基质细胞和胸腺细胞组成

1.胸腺基质细胞(thymic stromal cell,TSC)　TSC 以胸腺上皮细胞(thymus epithelial cell,TEC)为主,还包括巨噬细胞、DC 及成纤维细胞等。TSC 互相连接成网,并表达多种表面分子和分泌多种胸腺激素,从而构成重要的胸腺内环境。其中,抚育细胞与胸腺细胞通过各自表达的黏附分子密切接触,为胸腺细胞的发育提供必需的信号。

2.胸腺细胞　骨髓产生的前 T 淋巴细胞经血液循环进入胸腺,即成为胸腺细胞。不同分化阶段的胸腺细胞其形态学、表面标志等各异,并可按其 CD4、CD8 表达情况分为 4 个亚群,即 $CD4^-CD8^-$、$CD4^+CD8^+$、$CD4^+CD8^-$、$CD4^-CD8^+$。

(三)胸腺微环境

胸腺微环境由 TSC、细胞外基质及局部活性物质组成,其在胸腺细胞分化过程的不同环节均发挥重要作用。胸腺上皮细胞是胸腺微环境的最重要组分,其参与胸腺细胞分化的机制为:

1.分泌胸腺激素和细胞因子　主要的胸腺激素有胸腺素(thymosin)、胸腺刺激素(thymulin)、胸腺体液因子(thymic humoral factor)、胸腺生成素(thymopoietin,TP)、血清胸腺因子(serum thymic factor)等,它们分别具有促进胸腺细胞增殖、分化和发育等功能。胸腺基质细胞还可产生多种细胞因子,它们通过与胸腺细胞表面相应受体结合,调节胸腺细胞发育和细胞间相互作用。上述胸腺激素和细胞因子是诱导胸腺细胞分化为成熟 T 淋巴细胞的必要条件。

2.与胸腺细胞相互接触　此乃通过上皮细胞与胸腺细胞间表面黏附分子及其配体、细胞因子及其受体、抗原肽-MHC 分子复合物与 T 淋巴细胞抗原识别受体(T cell antigen receptor, TCR)等相互作用而实现的。

细胞外基质(extracellular matrix)也是胸腺微环境的重要组成部分,它们可促进上皮细胞与胸腺细胞接触,并参与胸腺细胞在胸腺内移行成熟。

(四)胸腺的功能

1.T 淋巴细胞分化、成熟的场所 胸腺是 T 淋巴细胞发育的主要场所。在胸腺产生的某些细胞因子作用下,来源于骨髓的前 T 淋巴细胞被吸引至胸腺内成为胸腺细胞。胸腺细胞循被膜下→皮质→髓质移行,并经历十分复杂的选择性发育。在此过程中,约 95% 的胸腺细胞发生以凋亡(apoptosis)为主的死亡而被淘汰,仅不足 5% 的细胞分化为成熟 T 淋巴细胞,其特征为:表达成熟 T 淋巴细胞抗原识别受体(TCR)的 CD4 或 CD8 单阳性细胞;获得 MHC 限制性的抗原识别能力;获得自身耐受性。发育成熟的 T 淋巴细胞进入血液循环,最终定居于外周免疫器官。

近期研究证实,胸腺并非 T 淋巴细胞分化发育的唯一场所,例如,T 淋巴细胞可在胸腺外组织(如肠道黏膜上皮、皮肤组织及泌尿生殖道黏膜组织等)中发育成熟。另外,肝也可能是某些 T 淋巴细胞分化发育的场所。

2.免疫调节功能 胸腺基质细胞可产生多种肽类激素,它们不仅促进胸腺细胞的分化成熟,也参与调节外周成熟 T 淋巴细胞。

3.屏障作用 皮质内毛细血管及其周围结构具有屏障作用,阻止血液中大分子物质进入,此为血-胸腺屏障(blood-thymus barrier)。

三、法氏囊

法氏囊(bursa of fabricius)是鸟类动物特有的淋巴器官,位于胃肠道末端泄殖腔的后上方(图 2-7)。与胸腺不同,法氏囊训化 B 淋巴细胞成熟,主导机体的体液免疫功能。将孵出的雏鸡去掉法氏囊,会使血中 γ 球蛋白缺乏,且没有浆细胞,注射疫苗亦不能产生抗体。人类和哺乳动物没有法氏囊,其功能由相似的组织器官代替,称为法氏囊同功器官;曾一度认为同功器官是阑尾、扁桃体和肠集结淋巴结,现已证明是骨髓。

图 2-7 鸡的胸腺和法氏囊

第二节 外周免疫器官

外周免疫器官(peripheral immune organ)包括脾、淋巴结、淋巴样小结、扁桃体、阑尾等,这些器官内富含能捕捉和处理抗原的巨噬细胞和树突状细胞,以及能介导免疫反应的 T 淋巴细胞和 B 淋巴细胞。

一、淋巴结

淋巴结(lymph node)广泛分布于全身非黏膜部位的淋巴通道上。

（一）淋巴结的结构

淋巴结的结构如图 2-8 所示，淋巴结表面覆盖有结缔组织被膜，后者深入实质形成小梁。淋巴结分为皮质和髓质两部分，彼此通过淋巴窦相通。被膜下为皮质，包括浅皮质区、副皮质区和皮质淋巴窦。

浅皮质区又称为非胸腺依赖区（thymus-independent area），是 B 淋巴细胞定居的场所，该区内有淋巴滤泡（或称淋巴小结）。未受抗原刺激的淋巴小结无生发中心，称为初级滤泡（primary follicle），主要含静止的成熟 B 淋巴细胞；受抗原刺激的淋巴小结内出现生发中心（germinal center），称为次级滤泡（secondary follicle），内含大量增殖分化的 B 淋巴母细胞，此细胞向内转移至淋巴结中心部髓质，即转化为可产生抗体的浆细胞。

副皮质区又称胸腺依赖区（thymus-dependent area），位于浅皮质区和髓质之间，为深皮质区，是 T 淋巴细胞（主要是 $CD4^+$ T 淋巴细胞）定居的场所。该区有许多由内皮细胞组成的毛细血管后微静脉，也称高内皮细胞小静脉（high endothelial venule，HEV），在淋巴细胞再循环中起重要作用。

髓质由髓索和髓窦组成。髓索内含有 B 淋巴细胞、T 淋巴细胞、浆细胞、肥大细胞及 Mφ。髓窦内 Mφ 较多，有较强滤过作用。

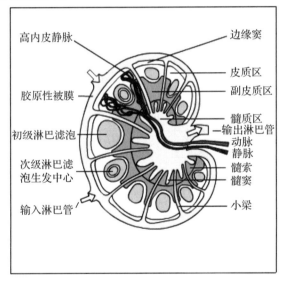

图 2-8　淋巴结的结构

（二）淋巴结的功能

1. T 淋巴细胞及 B 淋巴细胞定居的场所　分别在胸腺和骨髓中分化成熟的 T、B 淋巴细胞，均可定居于淋巴结。其中，T 淋巴细胞占淋巴结内淋巴细胞总数的 75%，B 淋巴细胞占 25%。

2. 免疫应答发生的场所　抗原递呈细胞携带所摄取的抗原进入淋巴结，将已被加工、处理的抗原递呈给淋巴结内的 T 淋巴细胞和 B 淋巴细胞，使之活化、增殖、分化，故淋巴结是发生细胞免疫和体液免疫应答的主要场所。

3. 参与淋巴细胞再循环　淋巴结深皮质区的 HEV 在淋巴细胞再循环中发挥重要作用，血液循环中的淋巴细胞穿越 HEV 壁进入淋巴结实质，然后通过输出淋巴管进入胸导管或右淋巴管，再回到血液循环。

4.过滤作用 组织中的病原微生物及毒素等进入淋巴液,其缓慢流经淋巴结时,可被 Mφ 吞噬或通过其他机制被清除。因此,淋巴结具有重要的滤过作用。

二、脾

(一)脾的结构

脾的结构如图 2-9 所示。脾(spleen)是人体最大的淋巴器官,可分为白髓、红髓和边缘区三部分。白髓由密集的淋巴组织构成,包括动脉周围淋巴鞘和淋巴小结。动脉周围淋巴鞘为 T 淋巴细胞居住区;鞘内的淋巴小结为 B 淋巴细胞居住区,未受抗原刺激为初级滤泡,受抗原刺激后出现生发中心,为次级滤泡。红髓分布于白髓周围,包括髓索和髓窦,前者主要为 B 淋巴细胞居住区,也含 Mφ 和 DC;髓窦内为循环的血液。白髓与红髓交界处为边缘区(marginal zone),是血液及淋巴细胞进出的重要通道。

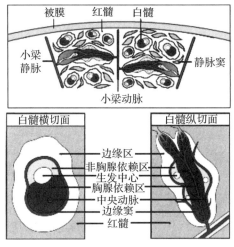

图 2-9 脾的结构

(二)脾的功能

脾是重要的外周免疫器官,脾切除的个体其免疫防御功能可发生障碍。

1.免疫细胞定居的场所 成熟的淋巴细胞可定居于脾。B 淋巴细胞约占脾中淋巴细胞总数的 60%,T 淋巴细胞约占 40%。

2.免疫应答的场所 脾也是淋巴细胞接受抗原刺激并发生免疫应答的重要部位。同为外周免疫器官,脾与淋巴结的差别在于:脾是对血源性抗原产生应答的主要场所。

3.合成生物活性物质 脾可合成并分泌如补体、干扰素等生物活性物质。

4.滤过作用 脾可清除血液中的病原体、衰老死亡的自身血细胞、某些蜕变细胞及免疫复合物等,从而使血液得到净化。

此外,脾也是机体贮存红细胞的血库。

三、黏膜相关淋巴组织

黏膜相关淋巴组织(mucosal-associated lymphoid tissue,MALT)也称黏膜免疫系统(mucosal immune system,MIS),主要指呼吸道、肠道及泌尿生殖道黏膜固有层和上皮细胞下散在的无被膜淋巴组织以及某些带有生发中心的器官化淋巴组织,如扁桃体、小肠的派氏集合淋巴结(Peyer patch)、阑尾等。

　　黏膜系统在机体免疫防疫机制中的重要作用表现为:①人体黏膜的表面积约为 $400m^2$,乃阻止病原微生物等入侵机体的主要物理屏障;②机体近一半的淋巴组织存在于黏膜系统,故MALT 被视为执行局部特异性免疫功能的主要部位。

(一)MALT 的组成

　　1.鼻相关淋巴组织(nasal-associated lymphoid tissue,NALT)　包括咽扁桃体、腭扁桃体、舌扁桃体及鼻后部其他淋巴组织,其主要作用是抵御经空气传播的微生物感染。

　　2.肠相关淋巴组织(gut-associated lymphoid tissue,GALT)　包括集合淋巴结、集合淋巴滤泡和固有层淋巴组织等,其主要作用是抵御侵入肠道的病原微生物感染(图 2-10)。肠道黏膜上皮间还散布一种扁平上皮细胞,即 M 细胞(membranous cell or microfold cell,膜性细胞或微皱褶细胞),又称特化的抗原转运细胞(specialized antigen transporting cell)。M 细胞的基底部凹陷成小袋,其中容纳 T 淋巴细胞、B 淋巴细胞、巨噬细胞(Mφ)、树突状细胞(DC)等。M 细胞可通过吸附、胞饮或内吞方式摄入抗原,并将未降解的抗原转运给小袋中的巨噬细胞,由后者携带抗原至集合淋巴结,引发黏膜免疫应答。肠道淋巴系统免疫应答机制如图 2-11 所示。

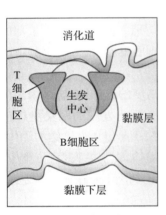

图 2-10　消化道集合淋巴滤泡　　　　　　图 2-11　肠道淋巴系统免疫应答机制

　　3.支气管相关淋巴组织(bronchial-associated tissue,BALT)　主要分布于各肺叶的支气管上皮下,其结构与派氏集合淋巴结相似,滤泡中淋巴细胞受抗原刺激常增生成生发中心,其中主要是 B 淋巴细胞。

(二)MALT 的功能及其特点

　　1.参与局部免疫应答　分布在不同部位的 MALT 均是参与局部特异性免疫应答的主要场所,从而在消化道、呼吸道和泌尿生殖道的局部免疫防御中发挥关键作用。

　　2.分泌分泌型 IgA(secretory IgA,SIgA)　以消化道黏膜为例,口服抗原被吸收进入集合淋巴结后,可引发 B 淋巴细胞应答,使之转化为产生抗体的浆细胞,其中可分泌 SIgA 的浆细胞主要定居于集合淋巴结或迁移至固有层。SIgA 在抵御病原体侵袭消化道、呼吸道和泌尿生殖道中发挥重要作用。

　　3.参与口服抗原介导的免疫耐受　口服抗原刺激黏膜免疫系统后,常可导致免疫耐受,其机制尚未阐明。口服抗原诱导免疫耐受的生物学意义在于:①可阻止机体对肠腔内共栖的正常菌群产生免疫应答,而这些菌群的存

2-5　知识点
测验题

在乃正常消化和吸收功能所必需;②通过口服抗原诱导机体对该抗原形成特异性无反应性,可能为治疗自身免疫病提供新途径。

附:淋巴细胞再循环

各种免疫器官中的淋巴细胞并不是定居不动的群体,而是通过血液和淋巴液的循环进行有规律的迁移,这种规律性的迁移称为淋巴细胞再循环(lymphocyte recirculation)。通过再循环,可以增加淋巴细胞与抗原接触的机会,更有效地激发免疫应答,并不断更新和补充循环池的淋巴细胞。

1.再循环的细胞   淋巴干细胞从骨髓迁移至胸腺和法氏囊或其功能器官,分化成熟后进入血液循环的定向移动过程不属于再循环范围。再循环是成熟淋巴细胞通过循环途径实现淋巴细胞不断重新分布的过程。再循环中的细胞多是静止期细胞和记忆细胞,其中80%以上是T淋巴细胞。这些细胞最初来源于胸腺和骨髓;成年以后,主要靠外周免疫器官进行补充。受抗原刺激而活化的淋巴细胞很快定居于外周免疫器官,不再参与再循环。

2.再循环的途径   血液中的淋巴细胞在流经外周免疫器官(以淋巴结为例)时,在副皮质区与皮质区的连接处穿过高内皮小静脉(HEV)进入淋巴结;T淋巴细胞定位于副皮质,B淋巴细胞主要定位于皮质区;以后均通过淋巴结髓窦迁移至输出淋巴管,进入高一级淋巴结;经过类似的路径,所有外周免疫器官输出的细胞最后都汇集于淋巴导管;身体下部和左上部的汇集到胸导管,从左锁骨下静脉角返回血液循环;右侧上部的汇集到右淋巴管,从右锁骨下静脉返回血液循环。再循环一周约需24~48h。

3.细胞定居选择   淋巴细胞从血液循环进入淋巴组织具有高度的选择性,这是因为淋巴细胞上具有特殊的受体分子,称为归巢受体(homing receptor)。现已发现的归巢受体包括CD44、LFA-1、VLA-4和MEL-14/LAM-1等;其中MEL-14/LAM-1是定居淋巴结的受体,识别淋巴结内的高内皮细胞;VLA-4的α亚单位是定居MALT的受体,识别黏膜表面的配体。

淋巴细胞再循环的意义:带有不同特异性抗原受体的各种淋巴细胞不断在体内各处巡游,增加了与抗原以及抗原递呈细胞接触的机会;许多免疫记忆细胞也参与淋巴细胞再循环,一旦接触到相应抗原,可立即进入淋巴组织发生增殖反应,产生免疫应答。淋巴细胞再循环如图2-12所示。

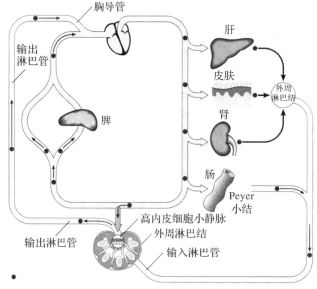

图 2-12   淋巴细胞再循环示意图

第三节　免疫细胞

2-6　微课视频：
干细胞与 T 淋巴细胞

免疫细胞泛指所有参与免疫应答或与免疫应答有关的细胞及其前体，包括造血干细胞、淋巴细胞、专职抗原递呈细胞（树突状细胞、单核-巨噬细胞）及其他抗原递呈细胞、粒细胞、肥大细胞和红细胞等，如图 2-13 所示。

2-7　知识点课件：
干细胞与 T 淋巴细胞

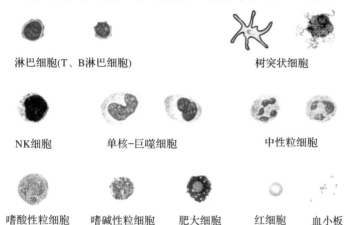

淋巴细胞(T、B淋巴细胞)　　　　　树突状细胞

NK细胞　　　　单核-巨噬细胞　　　　中性粒细胞

嗜酸性粒细胞　　嗜碱性粒细胞　　肥大细胞　　红细胞　　血小板

图 2-13　各种免疫细胞

一、造血干细胞

造血干细胞(HSC)是存在于造血组织中的一群原始造血细胞。也可以说它是一切血细胞(其中大多数是免疫细胞)的原始细胞。由造血干细胞定向分化、增殖为不同的血细胞系，并进一步生成血细胞。人类造血干细胞首先出现于胚龄第 2～3 周的卵黄囊，在胚胎早期(第 2～3 个月)迁至肝、脾，第 5 个月又从肝、脾迁至骨髓。在胚胎末期一直到出生后，骨髓成为造血干细胞的主要来源，具有多潜能性，即具有自身复制和分化两种功能。

二、淋巴细胞

淋巴细胞(lymphocyte)是构成免疫系统的主要细胞类别，占外周血白细胞总数的 20％～45％，成年人体内约有 10^{12} 个淋巴细胞。淋巴细胞可分为许多表型与功能均不同的群体，如 T 淋巴细胞、B 淋巴细胞、NK 细胞等；T 淋巴细胞和 B 淋巴细胞还可进一步分为若干亚群。这些淋巴细胞及其亚群在免疫应答过程中相互协作、相互制约，共同完成对抗原物质的识别、应答和清除，从而维持机体内环境的稳定。

其特点是：未活化淋巴细胞在抗原的刺激下转变为淋巴母细胞，再进一步转变为效应 T 淋巴细胞与记忆细胞。

(一)T 淋巴细胞

T 淋巴细胞(T lymphocyte)介导细胞免疫应答，并在机体针对 TD 抗原的体液免疫应答中发挥重要的辅助作用。骨髓中的淋巴样前体细胞(lymphoid precursor)进入胸腺，经历一系列有序的分化过程，才能发育为成熟 T 淋巴细胞。T 淋巴细胞乃高度异质性的细胞群，依据其表面标志及功能特征，可分为若干亚群。在免疫应答过程中，各亚群 T 淋巴细胞相互协作，共同发挥重要的免疫学功能。

1.T淋巴细胞的表面标志 T淋巴细胞表面标志(即其膜分子)如图2-14所示,是T淋巴细胞识别抗原、与其他免疫细胞相互作用、接受信号刺激并产生应答的物质基础,也是鉴别和分离T淋巴细胞的重要依据。在诸多表面标志中,TCR、CD3分子是外周血成熟T淋巴细胞各亚群的共有标志。

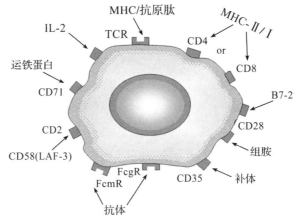

图 2-14 T淋巴细胞表面标志

(1)T淋巴细胞表面受体(surface receptor):T淋巴细胞抗原识别受体(TCR)、细胞因子受体(cytokine receptor,CKR)、丝裂原受体。

(2)T淋巴细胞表面抗原(surface antigen):MHC抗原、分化抗原(CD分子)等。

2.T淋巴细胞亚群及其功能 人类的T淋巴细胞不是均一的群体,根据表面标志和功能可为五个亚群。

CD4$^+$T(初始T淋巴细胞、Th1细胞、Th2细胞),占T淋巴细胞的65%左右,它的重要标志是表面有CD4抗原。Th细胞能识别抗原,分泌多种淋巴因子,既能辅助B淋巴细胞产生体液免疫应答,又能辅助T淋巴细胞产生细胞免疫应答,是扩大免疫应答的主要成分,它还具有某些细胞免疫功能。

CD8$^+$T(杀伤性T淋巴细胞、抑制性T淋巴细胞):杀伤性T淋巴细胞占T淋巴细胞的20%～30%,表面也有CD8抗原。杀伤性T淋巴细胞能识别结合在MHC-Ⅰ类抗原上的异抗原,在异抗原的刺激下可增殖形成大量效应性杀伤性T淋巴细胞,能特异性地杀伤靶细胞,是细胞免疫应答的主要成分。抑制性T淋巴细胞占T淋巴细胞的10%左右,表面有CD8抗原。抑制性T淋巴细胞常在免疫应答的后期增多,它分泌的抑制因子可减弱或抑制免疫应答。

(1)初始T淋巴细胞(naive T cell):指未完全分化的Th细胞,胞体小,细胞质少,代谢水平低,是Th1、Th2细胞的前体,分泌低水平的IL-4和IFN-γ。

功能:调节体液免疫应答和细胞免疫应答,分化产生Th1、Th2细胞。T淋巴细胞的分化如图2-15所示。

按分泌的细胞因子不同,可将Th细胞分为两个不同的亚群:分泌IFN-γ、IL-2的称为TH1细胞,分泌IL-4、IL-5的称为Th2细胞。

(2)Th1细胞:初始T淋巴细胞在IL-12作用下转变为Th1细胞。

功能:释放IL-2、IFN-γ和TNF,引起炎症反应或迟发型超敏反应,故又称为炎性T淋巴细胞;参与细胞免疫应答及迟发型超敏反应;在抗胞内病原微生物等感染中起重要作用。Th1细胞持续性强应答,可能与器官特异性自身免疫病、接触性皮炎、不明原因的慢性炎症性疾病、迟发型超敏反应性疾病、急性同种异体移植排斥反应等的发生有关。

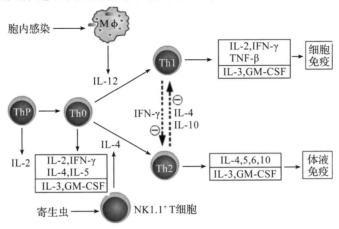

图 2-15 T 淋巴细胞的分化

(3)Th2 细胞:初始 T 淋巴细胞在 IL-4 作用下转变为 Th2 细胞。

功能:释放 IL-4,5,6,10,诱导 B 淋巴细胞增殖分化、合成并分泌抗体,引起体液免疫应答或速发型超敏反应(图 2-16)。

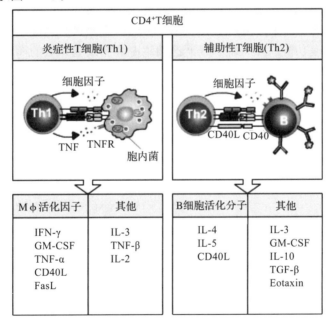

图 2-16 Th1、Th2 淋巴细胞的功能

(4)杀伤性 T 淋巴细胞(CTL)也叫细胞毒性 T 淋巴细胞,是效应 T 淋巴细胞,经抗原致敏后,CTL 的 TCR 特异性识别靶细胞(如病毒感染细胞、肿瘤细胞、同种异体移植物细胞等)表面的抗原肽/MHC-Ⅰ类分子复合物。活化 CTL 杀伤效应的主要机制为:①分泌穿孔素(perforin)、颗粒酶(granzyme)或淋巴毒素等直接杀伤靶细胞;②通过高表达 FasL 导致 Fas 阳性的靶细胞凋亡。CTL 参与的免疫效应为抗病毒感染、抗肿瘤和介导同种异体移植排斥反应等(图 2-17)。

(5)抑制性 T 淋巴细胞(suppressor T lymphocyte,Ts):具有抑制体液免疫和细胞免疫的功能。

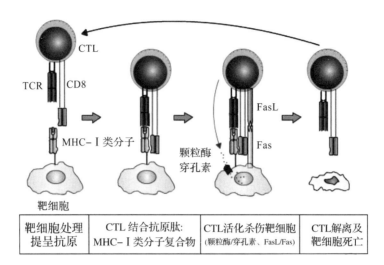

| 靶细胞处理
提呈抗原 | CTL 结合抗原肽:
MHC-I 类分子复合物 | CTL活化杀伤靶细胞
(颗粒酶/穿孔素、FasL/Fas) | CTL解离及
靶细胞死亡 |

图 2-17　CTL 的免疫效应

(二)B 淋巴细胞

B 淋巴细胞(B lymphocyte),简称 B 细胞,是始祖 B 淋巴细胞在骨髓(人、动物)、法氏囊(禽)中发育、分化、成熟而成,产生抗体,也称骨髓或囊依赖性细胞,是体内唯一能产生抗体(Ig)的细胞,主要执行体液免疫,也具有抗原递呈功能。外周血中 B 淋巴细胞占淋巴细胞总数的 $10\%\sim15\%$。

2-8　微课视频:B 细胞与其他免疫细胞

1.B 淋巴细胞的表面标志

B 淋巴细胞的表面标志如图 2-18 所示。

(1)B 淋巴细胞抗原受体(B-cell antigen receptor,BCR):BCR 是嵌入细胞膜类脂分子中的膜表面免疫球蛋白(mIg),乃 B 淋巴细胞的特征性表面标志,也是 B 淋巴细胞特异性识别不同抗原表位的分子基础。

2-9　知识点课件:B 细胞与其他免疫细胞

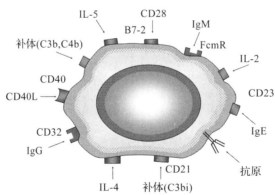

图 2-18　B 淋巴细胞表面标志

(2)细胞因子受体:B 淋巴细胞表面表达 IL-1R、IL-2R、IL-4R、IL-5R、IL-6R、IL-7R 及 IFN-γR 等多种细胞因子受体。细胞因子通过与 B 淋巴细胞表面相应受体结合而参与或调节 B 淋巴细胞活化、增殖和分化。

(3)补体受体(CR):多数 B 淋巴细胞表面表达 CR1 和 CR2(即 CD35 和 CD21)。CR1 主要见于成熟 B 淋巴细胞,其在 B 淋巴细胞活化后表达增高。CR1 与相应配体结合可促进 B 淋巴细胞活化。CR2(CD21)是 EB 病毒受体,在体外应用 EB 病毒感染 B 淋巴细胞可使之转化为 B 淋巴母细胞系,从而达到永生化(immortalized)。

(4)Fc 受体:多数 B 淋巴细胞表达 IgG Fc 受体Ⅱ(FcγRⅡ),可与免疫复合物中的 IgG Fc 段结合,有利于 B 淋巴细胞捕获和结合抗原,并促进 B 淋巴细胞活化和抗体产生。

(5)丝裂原受体:某些丝裂原通过与 B 淋巴细胞表面相应受体结合,使其被激活并增殖分化为淋巴母细胞,可用于检测 B 淋巴细胞功能状态。美洲商陆(Phytolacca Americana L.)对 T 淋巴细胞和 B 淋巴细胞均有致有丝分裂作用;脂多糖(lipopolysaccharide,LPS)是常用的小鼠 B 淋巴细胞丝裂原。

2. 细胞表面抗原

(1)MHC 抗原:B 淋巴细胞可表达 MHC-Ⅰ类和 MHC-Ⅱ类抗原。MHC-Ⅱ类抗原可与 Th 细胞表面 CD4 结合,增强 B 淋巴细胞与 Th 细胞间的黏附作用,并参与抗原递呈和淋巴细胞激活。

(2)CD 抗原:B 淋巴细胞分化发育的不同阶段,其 CD 抗原的表达各异,有 CD19、CD20、CD21、CD40/CD40L、CD80(B7-1)/CD86(B7-2)。

3. B 淋巴细胞亚群及功能

根据是否表达 CD5 分子,将人 B 淋巴细胞分为 B1(CD5$^+$)和 B2(CD5$^-$)淋巴细胞。

(1)B1 淋巴细胞 B1 淋巴细胞在个体发育过程中出现较早,是由胚胎期或出生后早期的前体细胞分化而来的,其发生不依赖于骨髓细胞。B1 淋巴细胞产生后,成为具有自我更新(self-renewal)能力的长寿细胞,主要分布于胸腔、腹腔和肠壁固有层中。B1 淋巴细胞的抗原识别谱较窄,主要针对属于 TI-2 抗原的多糖类物质,尤其是某些菌体表面共有的多糖抗原(如肺炎球菌荚膜多糖等)。B1 淋巴细胞的功能特点是:主要产生 IgM 类的低亲和力抗体;不发生抗体类别转换;无免疫记忆。

(2)B2 淋巴细胞 B2 淋巴细胞即通常所称的 B 淋巴细胞,是参与体液免疫应答的主要细胞类别。它是由骨髓中造血干细胞分化而来,属形态较小、比较成熟的 B 淋巴细胞,在体内出现较晚,定位于外周淋巴器官。B2 淋巴细胞的主要生物学功能为参与体液免疫应答、抗原递呈、免疫调节。

(三)自然杀伤细胞

自然杀伤细胞(natural killer cell,NK cell),简称 NK 细胞,是一类独立的淋巴细胞群,其不同于 T 淋巴细胞和 B 淋巴细胞,不表达特异性抗原识别受体(图 2-19)。NK 细胞胞浆内有许多嗜苯胺颗粒,故又称为大颗粒淋巴细胞(large granular lymphocyte)。NK 细胞无须抗原预先致敏即可直接杀伤某些靶细胞,包括肿瘤细胞、病毒或细菌感染的细胞以及机体某些正常细胞(图 2-20)。

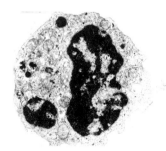

图 2-19　自然杀伤细胞

1. 来源及分布

NK 细胞是由骨髓中的共同淋巴样祖细胞(commen lymphoid progenitor,CLP)分化而来的,其发育、成熟可能循骨髓途径或胸腺途径。人类和小鼠 NK 细胞主要分布于脾(占脾细胞总数的 3%~4%)和外周血(占淋巴细胞总数的 5%~7%),在淋巴结以及其他组织内(如肺等)也有少量 NK 细胞存在。近年发现,肝中 NK 细胞占淋巴细胞总数的 50% 以上,其生物学意义有待阐明。

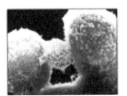 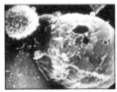 

两旁为癌细胞，中间为自然杀伤细胞，它是癌细胞的克星

它将癌细胞穿破一个洞，癌细胞将在很短的时间内死亡

抵抗各种各样的癌细胞，可以快速消灭癌细胞

癌细胞死亡后化为纤维，而自然杀伤细胞则恢复原状继续寻找敌人。自然杀伤细胞有独特的识别功能。因此，只会杀死癌细胞，而不像电疗，好的细胞、坏的细胞也一起摧毁。这种功能是任何药物都比不上的，而且不会有任何副作用

图 2-20　NK 细胞杀死癌细胞

2. 功能

（1）NK 细胞能非特异性杀伤某些肿瘤细胞、病毒或细菌感染的靶细胞，具有抗肿瘤、抗感染的功能。

（2）NK 细胞可产生 IL-1、IFN-γ、TNF 等，有免疫调节作用。

（3）NK 细胞参与移植排斥反应、自身免疫病、超敏反应的发生。

三、单核吞噬细胞系统

单核吞噬细胞系统（mononuclear phagovyte system，MPS）包括单核细胞、巨噬细胞，是体内具有最活跃生物学功能的细胞类型之一（图 2-21）。

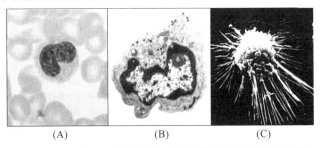

（A）　　　　　　　（B）　　　　　　　（C）

（A）普通显微镜下血涂片，中间示意单核细胞，周围是红细胞；

（B）、（C）是巨噬细胞电镜图像

图 2-21　单核吞噬细胞

MPS 表达多种表面标志，并藉此发挥各种生物学功能，如 MHC 分子、黏附分子等。这些表面标志不仅参与细胞黏附及对颗粒抗原的摄取、递呈，也介导相应配体触发的跨膜信号转导，并影响细胞分化和发育等。

单核吞噬细胞能产生各种溶酶体酶、溶菌酶、髓过氧化物酶等，还能产生和分泌近百种生物活性物质，如细胞因子（IL-1、IL-6、IL-12 等）、补体成分（C1、P 因子等）、凝血因子，以及前列腺素、白三烯、血小板活化因子、ACTH、内啡肽等活性产物。

功能：具有抗感染、抗肿瘤、免疫调节的作用。

四、其他免疫细胞

(一)中性粒细胞

中性粒细胞表面具有 Ig Fc 受体和 C3b 受体,具有高度趋化性和非特异性功能,有抗感染作用(图 2-22)。

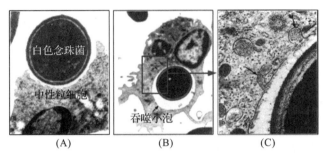

(A) 白色念珠菌黏附于中性粒细胞表面;
(B) 形成吞噬小体,吞噬30min后,溶酶体与吞噬小泡融合;
(C) 高倍放大(×33000)示溶酶体向吞噬小泡内释放内含物。

图 2-22　中性粒细胞的吞噬作用

(二)嗜酸性粒细胞

嗜酸性粒细胞具有 Ig Fc 受体,参与抗体依赖细胞介导的细胞毒作用(antibody dependent cell-mediated cytotoxicity,ADCC)。嗜酸性粒细胞具有吞噬作用,抗寄生虫和对 I 型超敏反应的负调节作用。

(三)嗜碱性粒细胞与肥大细胞

嗜碱性粒细胞与肥大细胞表面具有 IgE 的 Fc 受体,能参与 I 型超敏反应、抗肿瘤作用(图 2-23)。

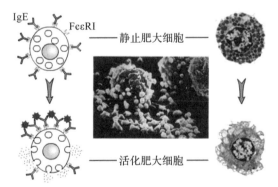

图 2-23　肥大细胞参与 I 型超敏反应

(四)红细胞

1.红细胞免疫的物质基础

(1)红细胞 CR1 分子:结合 C3b/C4b。

(2)红细胞 CD58 分子:即 LFA-3,与 CD2 互为配体和受体。

(3)红细胞 CD59 分子:阻止 C9 与 C5B678 结合,促进 T 淋巴细胞有丝分裂。

(4)红细胞 CD55 分子:即衰变加速因子(DAF)。

(5)红细胞 CD44 分子:参与 T、B 细胞的分化、成熟、活化。

2-10　章节作业

(6)红细胞 NK 细胞增强因子:增强 NK 细胞的毒性。

(7)红细胞趋化因子受体:参与调控炎症反应。

2.红细胞在整体免疫反应中的作用

(1)增强吞噬作用。

(2)清除循环免疫复合物。

(3)识别和携带抗原。

(4)免疫调节作用。

(5)效应细胞的作用。

2-11 研究性
学习主题

2-12 课外拓展

 课后思考

1.详细叙述免疫系统的构成。

2.骨髓、胸腺、淋巴结、脾的主要免疫功能。

3.T、B 淋巴细胞的分类及其作用。

第三章

免疫球蛋白

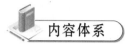

内容体系

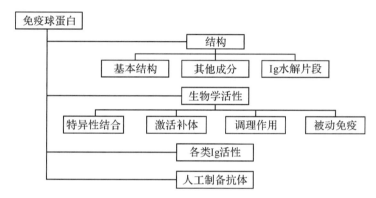

课前思考

1. 设想你是免疫球蛋白,向别人介绍你是如何产生的?

2. 当机体受到病原微生物入侵时,你作为免疫球蛋白,能做什么? 如何做? 在管腔如消化道或是在血液中免疫球蛋白又有什么不同的作用?

3. 你是产生免疫球蛋白的浆细胞,请你将五种免疫球蛋白做一分工。

4. 注射疫苗后产生最多的 Ig 是哪一类? 其有何生物学活性?

5. 眼泪、乳汁、肠道黏液中有 Ig 吗? 有何特点与功能?

6. 中学学过的"生物导弹"是指什么? 为什么取这个军事学上的名字?

7. 化验血型需要用到什么诊断试剂? 你知道是怎么制备的吗?

本章重点

1. 免疫球蛋白的概念、结构、功能和种类。

2. 五类免疫球蛋白的生物学活性。

3. 单克隆抗体的概念、制备与应用。

教学要求

1. 掌握免疫球蛋白的概念、结构、功能和种类。

2.掌握各类免疫球蛋白的生物学活性。

3.掌握单克隆抗体的制备方法。

抗体(antibody,Ab)是介导体液免疫的重要效应分子,是 B 淋巴细胞接受抗原刺激后增殖、分化为浆细胞所产生的糖蛋白。早在 19 世纪后期,从 Behring 及 Kitasato 对白喉和破伤风抗毒素(antitoxin)的研究开始,人们陆续发现一大类可与病原体结合并引起凝集、沉淀或中和反应的体液因子,并将它们命名为抗体。1939 年,Tiselius 和 Kabat 在对血清蛋白做自由电泳时,根据它们不同的迁移率,将其分为白蛋白和 α、β、γ 球蛋白 4 个主要部分,并发现抗体活性存在于从 α 到 γ 的这一广泛区域,但主要存在于 γ 区,故曾片面地认为抗体即 γ 球蛋白。世界卫生组织(1968 年)和国际免疫学会联合会(1972 年)的专门委员会先后决定,将具有抗体活性或化学结构与抗体相似的球蛋白统称为免疫球蛋白(immunoglobulin,Ig)。

3-1 微课视频:免疫球蛋白的结构

3-2 知识点课件:免疫球蛋白的结构

抗体都是免疫球蛋白,而免疫球蛋白不一定是抗体。无抗体活性的免疫球蛋白,如骨髓瘤患者血清 M 蛋白不是抗体。总之,免疫球蛋白是化学结构上的概念,抗体是生物学功能上的概念。近年研究证实,免疫球蛋白和抗体在结构及功能上比较一致,没有本质的区别,因此可认为两者的概念等同。

免疫球蛋白可分为分泌型(secreted Ig,SIg)和膜型(membrane Ig,mIg),前者主要存在于血液及组织液中,发挥各种免疫功能;后者构成 B 淋巴细胞表面的抗原受体(BCR)。图 3-1 为正常人血清电泳分离图。

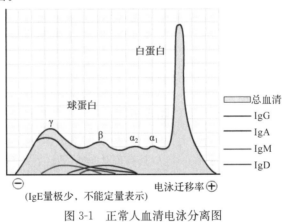

图 3-1 正常人血清电泳分离图

第一节　免疫球蛋白的结构

一、基本结构

免疫球蛋白分子的基本结构是一"Y"字形的四肽链结构,由两条完全相同的重链(heavy chain,H)和两条完全相同的轻链(light chain,L)以二硫键连接而成,如图 3-2 所示。

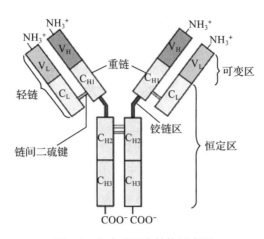

图 3-2 免疫球蛋白结构示意图

(一)重链和轻链

免疫球蛋白重链由 450~550 个氨基酸残基组成,相对分子质量为 50000~75000。重链可分为 μ、δ、γ、α 和 ε 链,据此可将免疫球蛋白分为 5 类(class)或 5 个同种型(isotype),即 IgM、IgD、IgG、IgA 和 IgE。每类免疫球蛋白根据其铰链区氨基酸残基的组成和二硫键数目、位置的不同,又可分为不同亚类(subclass)。

免疫球蛋白轻链含约 210 个氨基酸残基,相对分子质量约为 25000。轻链分为 κ 和 λ 链两种,据此可将免疫球蛋白分为 κ 和 λ 两型(type)。一个天然免疫球蛋白分子两条轻链的型别总是相同的,但同一个体内可存在分别带有 κ 或 λ 链的抗体分子。正常人血清中 κ 型和 λ 型免疫球蛋白浓度之比约为 2:1。根据轻链恒定区个别氨基酸残基的差异,又可将 λ 型免疫球蛋白分为 λ_1、λ_2、λ_3 和 λ_4 四个亚型。

(二)可变区和恒定区

比较不同 Ig 重链和轻链的氨基酸序列时发现,重链和轻链近 N 端约 110 个氨基酸序列的变化很大,其他部分氨基酸序列则相对恒定。免疫球蛋白轻链和重链中氨基酸序列变化较大的区域称为可变区(variable region,V),分别占重链和轻链的 1/4 和 1/2。免疫球蛋白轻链和重链中氨基酸序列较保守的区域称为恒定区(constant region,C),其位于肽段的羧基端,分别占重链和轻链的 3/4 和 1/2。重链和轻链 V 区(分别称为 V_H 和 V_L)各有 3 个区域的氨基酸组成和排列顺序高度可变,称为高变区(hypervariable region,HVR)或互补决定区(complementarity determining region,CDR),分别为 CDR1、CDR2 和 CDR3(图 3-3)。CDR 以外区域的氨基酸组成和排列顺序相对不易变化,称为骨架区(framework region,FR)。V_H 和 V_L 各有 FR1、FR2、FR3 和 FR4 四个骨架区。V_H 和 V_L 的 3 个 CDR 共同组成 Ig 的抗原结合部位,负责识别及结合抗原,从而发挥免疫效应。

重链和轻链的 C 区分别称为 C_H 和 C_L,不同型(κ 或 λ)Ig 的 C_L 的长度基本一致,但不同类 Ig 的 C_H 的长度不一,可包括 C_{H1}~C_{H3} 或 C_{H1}~C_{H4}。同一种属的个体,所产生针对不同抗原的同一类别 Ig,其 C 区氨基酸组成和排列顺序比较恒定,即免疫原性相同,但 V 区各异。Ig 的 C 区与抗体的生物学效应相关,如激活补体、穿过胎盘和黏膜屏障、结合细胞表面 Fc 受体从而介导调理作用、介导 ADCC 作用和 I 型超敏反应等。

(三)铰链区

铰链区位于 C_{H1} 与 C_{H2} 之间。该区富含脯氨酸而易伸展弯曲,能改变两个 Y 形臂之间的距离,有利于两臂同时结合两个不同的抗原表位。IgD、IgG、IgA 有铰链区,IgM 和 IgE 则无。

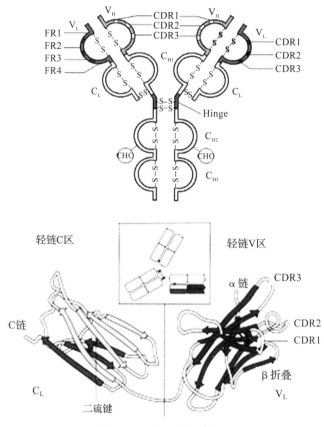

图 3-3　免疫球蛋白功能区

(四)功能区或结构域

　　免疫球蛋白分子的两条重链和两条轻链都可折叠为数个环形结构域。每个结构域一般具有其独特的功能,因此又称为功能区(domain)。每个功能区约含 110 个氨基酸残基,其二级结构是由几股多肽链折叠而成的两个反向平行的 β 片层(anti-parallel β sheet),两个 β 片层中心的两个半胱氨酸残基由一个链内二硫键垂直连接,形成一"β 桶状(β barrel)"结构,或称 β 三明治(β sandwich)结构。不仅免疫球蛋白,已发现有许多膜型和分泌型分子也含有这种独特的桶状结构,这类分子被称为免疫球蛋白超家族(immunoglobulin superfamily,IgSF)。

二、其他成分

　　除轻链和重链外,某些类别 Ig 还含有其他辅助成分,分别是 J 链(joining chain)和分泌片(secretory piece,SP)。J 链是一富含半胱氨酸的多肽链,由浆细胞合成,主要功能是将单体 Ig 分子连接为多聚体。IgA 二聚体和 IgM 五聚体均含 J 链;IgG、IgD 和 IgE 常为单体,无 J 链。SP 又称分泌成分(secretory component,SC),为一含糖肽链,由黏膜上皮细胞合成和分泌,以非共价形式结合于 IgA 二聚体上,使其成为分泌型 IgA(SIgA)。SP 的作用是:使 IgA 分泌到黏膜表面,发挥黏膜免疫作用;可保护 SIgA 铰链区,使其免遭蛋白水解酶降解。

三、Ig 水解片段

　　在一定条件下,免疫球蛋白分子肽链的某些部分易被蛋白酶水解为各种片段(图 3-4)。

1. 木瓜蛋白酶(papain)作用于铰链区二硫键所连接的两条重链的近 N 端,将 Ig 裂解为两个完全相同的 Fab 段和一个 Fc 段。

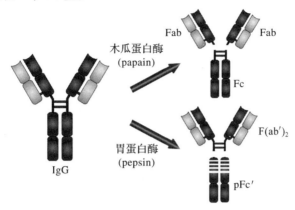

图 3-4　免疫球蛋白水解示意图

(1)Fab 即抗原结合片段(fragment of antigen binding),由一条完整的轻链和部分重链(V_H 和 C_{H1})组成。一个 Fab 片段为单价,可与抗原结合但不形成凝集反应或沉淀反应;因 V 区的 Aa 种类、排列顺序、其空间结构具有高度可变性和复杂性,能充分适应 Ag 决定簇的多样性,也为 Ab 的多样性和特异性做出了圆满的解释(图 3-5)。

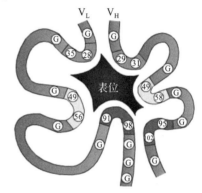

图 3-5　抗原结合片段

(2)Fc 片段即可结晶片段(fragment crystallizable),相当于 IgG 的 C_{H2} 和 C_{H3} 功能区,无抗原结合活性,是 Ig 与效应分子或细胞相互作用的部位,与 Ig 的生物学活性有关,如激活补体,增强巨噬细胞的吞噬效果,激活 K 细胞的杀伤作用。

2. 胃蛋白酶(pepsin)作用于铰链区二硫键所连接的两条重链的近 C 端,将 Ig 水解为一个大片段 $F(ab')_2$ 和一些小片段 pFc'。$F(ab')_2$ 是由两个 Fab 及铰链区组成,为双价,可同时结合两个抗原表位,故能形成凝集反应或沉淀反应。pFc' 最终被降解,无生物学作用。

3-3　知识点测验题

第二节　免疫球蛋白的生物学活性

3-4　微课视频:免疫球蛋白的功能

一、与相应抗原特异性结合

两者结合主要通过 IgV 区的氨基酸构型与相应决定簇的立体构型互相吻合,Ig(负电荷)与 Ag(正电荷)相互吸引,Ig 与 Ag 相互形成氢键。

抗体与相应抗原特异性结合后,其本身并不能直接溶解或杀伤带有特异抗原的靶细胞,通常需要补体或吞噬细胞等共同发挥效应以清除病原微生物或导致病理损伤。然而,抗体可通过与病毒或毒素的特异性结合,直

3-5　知识点课件:免疫球蛋白的功能

接发挥中和病毒的作用。

二、激活补体

激活补体 IgG 和 IgM 与相应抗原结合后,可因构型改变而使其 C_{H2}/C_{H3} 功能区内的补体结合点暴露,从而激活补体经典途径。IgA 和 IgE 的凝聚物可激活补体旁路途径(图 3-6)。

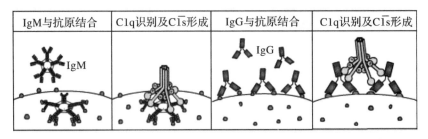

IgM与抗原结合	C1q识别及C1s形成	IgG与抗原结合	C1q识别及C1s形成

图 3-6　激活补体

三、结合细胞,产生多种生物学效应

1. 调理作用　IgG 与细菌等颗粒性抗原结合后,可通过其 Fc 段与巨噬细胞和中性粒细胞表面相应 IgG Fc 受体结合,促进吞噬细胞对细菌等颗粒性抗原的吞噬(图 3-7)。

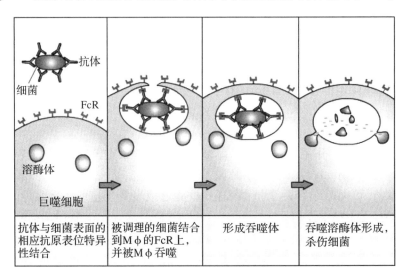

抗体与细菌表面的相应抗原表位特异性结合	被调理的细菌结合到Mφ的FcR上,并被Mφ吞噬	形成吞噬体	吞噬溶酶体形成,杀伤细菌

图 3-7　调理作用

2. 抗体依赖细胞介导的细胞毒作用(antibody dependent cell-mediated cytotoxicity,ADCC)　IgG 与肿瘤或病毒感染的靶细胞结合后,可通过其 Fc 段与 NK 细胞、巨噬细胞和中性粒细胞表面相应 IgG Fc 受体结合,增强 NK 细胞和触发巨噬细胞对靶细胞的杀伤作用(图 3-8)。

3. 介导Ⅰ型超敏反应　IgE 为亲细胞抗体,可通过其 Fc 段与肥大细胞和嗜碱性粒细胞表面相应 IgE Fc 受体结合而使上述细胞致敏。若相同变应原再次进入机体与致敏靶细胞表面特异性 IgE 结合,即可使之脱颗粒,释放组胺等生物活性介质,引起Ⅰ型超敏反应(图 3-9)。

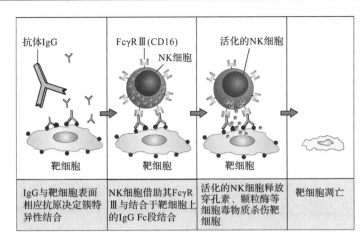

2-12　课外拓展

图 3-8　NK 细胞介导的 ADCC 作用

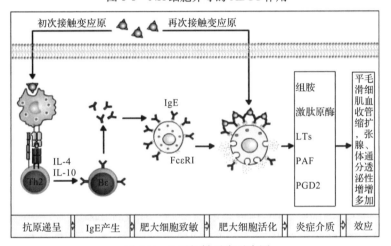

图 3-9　Ⅰ型超敏反应示意图

四、通过胎盘被动免疫

IgG 是唯一能从母体转移到胎儿体内的 Ig,增强胎儿、新生儿抗感染作用。免疫球蛋白的生物学活性如图 3-10 所示。

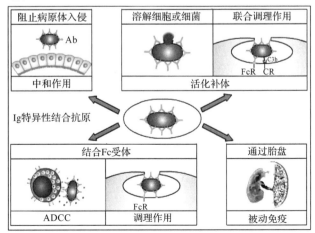

图 3-10　免疫球蛋白的生物学活性

第三节 各类免疫球蛋白的生物学活性

一、IgG

IgG 是血清和胞外液中主要的抗体成分,约占血清免疫球蛋白总量的 80%。按照其铰链区大小以及链内二硫键数目和位置的不同,可将人 IgG 分为 4 个亚类,依在血清中浓度的高低,分别为 IgG1、IgG2、IgG3、IgG4。IgG 自出生后 3 个月开始合成,3～5 岁接近成人水平。IgG 的半衰期为 20～23d,是再次体液免疫应答产生的主要抗体,其亲和力高,在体内分布广泛,具有重要的免疫效应,是机体抗感染的"主力军"。IgG1、IgG3、IgG4 可穿过胎盘屏障,在新生儿抗感染免疫中起重要作用;IgG1、IgG2、IgG4 可通过其 Fc 段与葡萄球菌蛋白 A(staphylococal protein A,SPA)结合,藉此可纯化抗体,并用于免疫诊断;IgG1、IgG3 可高效激活补体,并可与巨噬细胞、NK 细胞表面 Fc 受体结合,发挥调理作用、ADCC 作用等;某些自身抗体和引起 II、III 型超敏反应的抗体也属 IgG。

3-6 微课视频:各类 Ig 的功能

3-7 知识点课件:各类 Ig 的功能

二、IgM

IgM 占血清免疫球蛋白总量的 5%～10%,血清浓度约为 1mg/mL。单体 IgM 以膜结合型(mIgM)表达于 B 淋巴细胞表面,构成 B 淋巴细胞抗原受体(BCR);分泌型 IgM 为五聚体,不能通过血管壁,主要存在于血清中。五聚体 IgM 含 10 个 Fab 段,具有很强的抗原结合能力;含 5 个 Fc 段,比 IgG 更易激活补体。天然血型抗体为 IgM,血型不符的输血可致严重溶血反应。IgM 是个体发育中最早合成的抗体,脐带血 IgM 升高提示胎儿宫内感染;IgM 也是初次体液免疫应答中最早出现的抗体,是机体抗感染的"先头部队";血清中检出 IgM,提示新近发生感染,可用于感染的早期诊断。

三、IgA

IgA 仅占血清免疫球蛋白总量的 10%～15%,但却是外分泌液中的主要抗体类别。IgA 分为两型:血清型为单体,主要存在于血清中;分泌型 IgA(secretory IgA,SIgA)为二聚体,由 J 链连接,含内皮细胞合成的 SP,经分泌性上皮细胞分泌至外分泌液中。

SP 的主要功能是介导 IgA 穿过上皮细胞腺体腔或黏膜表面,其机制为:SP 作为受体与 IgA 结合,形成永久性共价复合物 SIgA。SIgA 主要存在于乳汁、唾液、泪液和呼吸道、消化道、生殖道黏膜表面,参与局部的黏膜免疫。新生儿易患呼吸道、消化道感染,可能与其 SIgA 合成不足有关。婴儿可从母乳中获得 SIgA,属重要的自然被动免疫。

四、IgD

IgD 仅占血清免疫球蛋白总量的 0.2%,血清浓度约为 30μg/ml。在五类 Ig 中,IgD 的铰链区较长,易被蛋白酶水解,故其半衰期较短(仅 3d)。IgD 分为两型:血清 IgD 的生物学功能尚不清楚;膜结合型 IgD(mIgD)构成 BCR,是 B 淋巴细胞分化成熟的标志。未成熟 B 淋巴细胞仅表达 mIgM;成熟 B 淋巴细胞同时表达 mIgM 和 mIgD,被称为初始 B 淋巴细胞(naive B cell);活化的 B 淋巴细胞或记忆 B 淋巴细胞其表面的 mIgD 逐渐消失。

五、IgE

正常人血清中含量最少的免疫球蛋白是 IgE,血清浓度仅为 $0.3\mu g/ml$,主要由黏膜下淋巴组织中的浆细胞分泌。IgE 的相对分子质量为 160000,其重要特征为糖含量高达 12%。IgE 具有很强的亲细胞性,其 C_{H2} 和 C_{H3} 可与肥大细胞、嗜碱性粒细胞表面高亲和力的 $FceR\,I$ 结合,促使这些细胞脱颗粒并释放生物活性介质,引起 I 型超敏反应。此外,IgE 可能与机体抗寄生虫免疫有关。

图 3-11 为各类免疫球蛋白结构示意图。

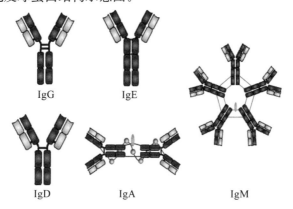

3-8 知识点
测验题

图 3-11 各类免疫球蛋白的结构

第四节 人工制备抗体

3-9 微课视频:
Ig 的制备

抗体在疾病诊断和免疫防治中发挥重要作用,故对抗体的需求越来越大。人工制备抗体是大量获得抗体的重要途径。早年人工制备抗体的方法主要是以相应抗原免疫动物,获得抗血清。由于天然抗原常含多种不同抗原表位,同时抗血清也未经免疫纯化,故所获抗血清是含多种抗体的混合物,即多克隆抗体(polyclonal antibody)。用于制备抗血清的动物由早期的小鼠、大鼠、兔、羊等小动物发展到马等大动物,但所获抗体的质与量均不敷现代医学生物学实践之需。

3-10 知识点课件:
Ig 的制备

1975 年,Kohler 和 Milstein 建立了体外细胞融合技术,获得免疫小鼠脾细胞与恶性浆细胞瘤细胞融合的杂交瘤细胞,从而使得规模化制备高特异性、均质性的的单克隆抗体(monoclonal antibody,McAb)成为可能。

一、多克隆抗体

在含多种抗原表位的抗原物质的刺激下,体内多个 B 淋巴细胞克隆被激活并产生针对多种不同抗原表位的抗体,其混合物即为多克隆抗体。多克隆抗体是机体发挥特异性体液免疫效应的关键分子,具有中和抗原、免疫调理、介导 ADCC 等重要作用。在体外,多克隆抗体主要来源于动物免疫血清、恢复期患者血清或免疫接种人群。其特点是来源广泛、制备容易。多克隆抗体是针对不同抗原表位的抗体混合物,而并非仅针对某一特定表位,其缺点是:特异性不高,易发生交叉反应,也不易大量制备,从而应用受限。图 3-12 为多克隆抗体制备示意图。

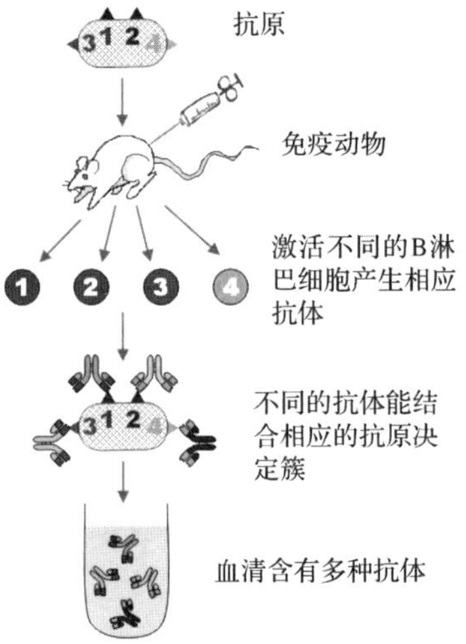

图 3-12 多克隆抗体制备示意图

二、单克隆抗体

制备单一表位特异性抗体的理想方法是获得仅针对单一表位的浆细胞克隆,使其在体外扩增并分泌抗体。然而,浆细胞在体外的寿命较短,也难以培养。为克服此缺点,Kohler 和 Milstein 将可产生特异性抗体但短寿的浆细胞与无抗原特异性但长寿的恶性浆细胞瘤细胞融合,建立了可产生单克隆抗体的杂交瘤细胞和单克隆抗体技术(图 3-13)。

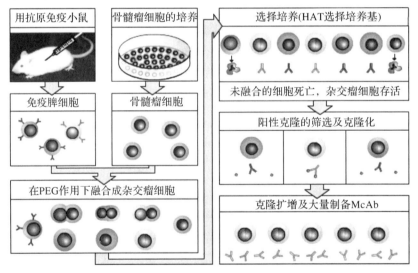

图 3-13 单克隆抗体的制备

单克隆抗体技术基本原理是:哺乳类细胞的 DNA 合成分为从头(do novo)合成和补救(salvage)合成两条途径。前者利用磷酸核糖焦磷酸和尿嘧啶,可被氨基蝶呤(A)阻断;后者则在次黄嘌呤-鸟嘌呤磷酸核糖转化酶(HGPRT)存在下利用次黄嘌呤(H)和胸腺嘧啶核苷(T);脾细胞和骨髓瘤细胞在聚乙二醇(polyethylene glycol,PEG)作用下可发生细胞融合;加入 HAT 选择培养基(含 H、A 和 T)后,未融合的骨髓瘤细胞因其从头合成途径被氨基蝶呤阻断而又缺乏 HGPRT 不能利用补救途径合成 DNA 而死亡;未融合的脾细胞因不能在体外培养而死亡;融合细胞因从脾细胞获得 HGPRT,故可在 HAT 选择培养基中存活和增殖。

融合形成的杂交细胞系称为杂交瘤(hybridoma),其既有骨髓瘤细胞大量扩增和永生的特性,又具有免疫 B 淋巴细胞合成和分泌特异性抗体的能力。

单克隆抗体在结构和组成上高度均一,抗原特异性及同种型一致,易于体外大量制备和纯化,因此具有纯度高、特异性强、效价高、少或无血清交叉反应、制备成本低等优点,已广泛用于疾病诊断、特异性抗原或蛋白的检测和鉴定、疾病的被动免疫治疗和生物导向药物制备等。

三、单克隆抗体的制备技术

(一)动物免疫

根据抗原的特性选择合适的免疫方案,对于可溶性抗原免疫原性弱,一般要加佐剂,常用佐剂为福氏完全佐剂和福氏不完全佐剂。要求抗原和佐剂等体积混合在一起,研磨成油包水的乳糜状。

1. 初次免疫,Ag $50\mu g$/只,加福氏完全佐剂皮下多点注射,一般 1.5mL,间隔 3 周。

2. 第二次免疫,剂量和途径同上,加福氏不完全佐剂,间隔 3 周。

3. 第三次免疫,剂量同上,不加佐剂,腹腔注射,7d 后采血测其效价,检测免疫效果,间隔 3 周。

4. 加强免疫,剂量 $50\mu g$/只,腹腔注射。

5. 3d 后,取脾融合。

(二)细胞融合

1. 饲养细胞的制备

在细胞融合后选择性培养过程中,由于大量骨髓瘤细胞和脾细胞相继死亡,此时单个或少数分散的杂交瘤细胞多半不易存活,通常必须加入其他活细胞使之繁殖,这种被加入的活细胞称为饲养细胞。

小鼠腹腔巨噬细胞的准备:

(1)用 6~10 周龄的 BALB/c 小鼠。

(2)拉颈处死,浸泡于 75%的酒精,消毒 3min,用无菌剪刀剪开皮肤,暴露腹膜。用吸管注入 6mL 培养基,反复冲洗,吸出冲洗液。

(3)放入 10mL 离心管,1200r/min×5min。

(4)用 20%小牛血清的培养基混悬,调整细胞数为 1×10^5/mL,加入 96 孔细胞培养板,$100\mu L$/孔。放入 37℃孵箱培养。

2. 骨髓瘤细胞的准备

(1)于融合前 48~36h 将骨髓瘤细胞扩大培养。

(2)融合当天,用弯头滴管将细胞从瓶壁轻轻吹下,收集于 50mL 离心管或融合管内。

(3)1000r/min×(5~10)min,弃上清。

(4)加入 30mL 不完全培养基,离心洗涤一次。然后将细胞重悬浮于 10mL 不完全培养基,混匀。

(5)取骨髓瘤细胞悬液,加 0.4%台酚蓝染液做活细胞计数后备用。

3. 脾细胞的准备

取已经免疫的 BALB/c 小鼠,摘除眼球采血,并分离血清作为抗体检测时的阳性对照血清。同时通过颈脱位处死小鼠,浸泡于 75%酒精中 5min,于培养皿上固定后掀开左侧腹部皮肤,可看到脾,换眼科剪镊,在超净台中按无菌手术要求剪开腹膜,取出脾,置于已盛有 10mL

不完全培养基的平皿中,轻轻洗涤,并细心剥去周围结缔组织。置平皿中不锈钢筛网上,用注射器针芯研磨成细胞悬液后计数,使脾细胞进入平皿中的不完全培养基。用吸管吹打数次,制成单细胞悬液。通常每只小鼠可制备 $1\times10^8\sim2.5\times10^8$ 个脾细胞。

4. 细胞融合

(1)将 1×10^8 个脾细胞与 1×10^7 个骨髓瘤细胞 SP2/0 混合于一支 50mL 融合管中,补加不完全培养基至 30mL,充分混匀。

(2)1000r/min×(5~10)min,将上清尽量吸净。

(3)在手掌上轻击融合管底,使沉淀细胞松散均匀。

(4)用 1mL 吸管在 30s 内加入预热的 50% PEG 1mL,边加边轻轻搅拌。

(5)吸入吸管静置 1min。

(6)加入预热的不完全培养基,终止 PEG 作用,每 2min 内分别加入 1mL、2mL、3mL、4mL、5mL、10mL。

(7)800r/min×5min;弃上清。

(8)加入 5mL 完全培养基,轻轻吹吸沉淀细胞,使其悬浮并混匀,然后补加完全培养基至 40~50mL,分装 96 孔细胞培养板,每孔 100μL,然后将培养板置 37℃,5% CO_2 培养箱内培养。

(9)6h 后补加选择培养基,每孔 50μL,3d 后用选择培养基半换液。

(10)经常观察杂交瘤细胞生长情况,待其长至孔底面积 1/10 以上时吸出上清供抗体检测。

5. 杂交瘤细胞的选择

(1)抗原用包被液稀释至 10μg/mL。

(2)以每孔 100μL 的量加入酶标板孔中,置 4℃过夜或 37℃吸附 2h。

(3)弃去孔内的液体,同时用洗涤液洗 3 次,每次 3min,拍干。

(4)每孔加 100μL 封闭液,37℃封闭 1h。

(5)用洗涤液洗 3 次。

(6)每孔加 100μL 待检杂交瘤细胞培养上清,同时设立阳性、阴性对照和空白对照;37℃孵育 1h;洗涤,拍干。

(7)加酶标第二抗体,每孔 100μL,37℃孵育 1h,洗涤,拍干。

(8)加底物液,每孔加新鲜配制的底物使用液 100μL,37℃ 20min。

(9)以 2mol/L H_2SO_4 溶液终止反应,在酶联免疫阅读仪上读取 OD 值。

(10)结果判定:以 P/N≥2.1 为阳性。若阴性对照孔无色或接近无色,阳性对照孔明确显色,则可直接用肉眼观察结果。

6. 杂交瘤细胞的克隆化(有限稀释法)

(1)制备小鼠脾细胞为饲养细胞。

(2)制备待克隆的杂交瘤细胞悬液,用含 20%血清的 HT 培养基稀释至每毫升含 5、10 和 20 个细胞 3 种不同的稀释度。

(3)按每毫升加入 $5\times10^4\sim1\times10^5$ 个细胞的比例,在上述杂交瘤细胞悬液中分别加入腹腔巨噬细胞。

(4)每种杂交瘤细胞分装 96 孔细胞培养板一块,每孔为 100μL。

(5)37℃、5% CO_2 培养 6d,出现肉眼可见的克隆即可检测抗体;在倒置显微镜下观察,标出只有单个克隆生长的孔,取上清作抗体检测。

（6）取抗体检测阳性孔的细胞扩大培养,并冻存。

（三）单克隆抗体的 Ig 类与亚类的鉴定

（1）以 $10\mu g/mL$ 浓度的抗原包被酶标板,$50\mu L/$孔,4℃过夜。

（2）洗涤后,加入待检的单抗样品,$100\mu L/$孔,37℃1h;设阴性、阳性对照孔。

（3）洗涤后,加入辣根过氧化酶（horseradish peroxidase,HRP）标记的抗小鼠类及亚类 Ig 的抗体试剂,$100\mu L/$孔,37℃避光显色 20min;用 $2mol/L\ H_2SO_4$ 溶液终止反应后,根据颜色判断抗体的亚型。

（四）单克隆抗体的生产及纯化

1. 动物体内生产单抗

（1）成年 BALB/c 小鼠腹腔接种降植烷或液体石蜡,每只小鼠注射 $0.3\sim0.5mL$。

（2）$7\sim10d$ 后腹腔接种用 PBS（含 137mmol/L NaCl,2.6mol/L KCl,0.2mmol/L 的 EDTA）或无血清培养基稀释的杂交瘤细胞,每只小鼠注射 $2.5\times10^6/mL$ 的杂交瘤细胞 1mL。

（3）间隔 5d 后,每天观察小鼠腹水产生情况,如腹部明显膨大,以手触摸时,皮肤有紧张感,即可采集腹水。通常每只小鼠可采 3mL 腹水。

（4）将腹水离心（$2000r/min\times5min$）,除去细胞成分和其他的沉淀物,收集上清,测定抗体效价,分装,-70℃冻存备用。

2. 单克隆抗体的纯化（辛酸-硫酸铵沉淀法）

（1）腹水 4℃$12000r/min\times15min$,去除杂质。

（2）取 1 份腹水加 2 份 0.06mol/L pH5.0 醋酸缓冲液,按每毫升稀释腹水加 $33\mu L$ 辛酸的比例,室温搅拌下逐滴加入辛酸,室温混合 30min。

（3）4℃静置 2h,取出后 $12000r/min\times30min$,弃沉淀。

（4）上清经尼龙筛过滤,于 50 倍体积的 0.01mol/L pH7.4 的磷酸盐缓冲溶液（phosphate buffer saline,PBS）中 4℃透析 6h。

（5）在透析后的上清中加入等体积饱和硫酸铵溶液。

（6）4℃静置 1h 以上,$10000r/min\times30min$,弃上清。

（7）沉淀溶于适量 PBS 中,于 $50\sim100$ 倍体积的 PBS 中透析过夜。

（8）取少量透析后样品适当稀释后,以紫外分光光度计检测蛋白含量,十二烷基硫酸钠（sodium dodecyl sulfate,SDS）-聚丙烯酰胺凝胶电泳（polyacrylamide gel electrophoresis,PAGE）、蛋白质免疫印迹（Western blot,WB）检测抗体纯度。

（五）单克隆抗体制备过程中的筛选方法与意义

1. 第一次筛选   细胞融合后,杂交瘤细胞的选择性培养是第一次筛选的关键。普遍采用的 HAT 选择培养基是在普通的动物细胞培养基中加入次黄嘌呤（H）、氨基蝶呤（A）和胸腺嘧啶核苷（T）。其依据是细胞中的 DNA 合成有以下两条途径:

（1）一条途径是生物合成途径（D 途径）,即由氨基酸及其他小分子化合物合成核苷酸,为 DNA 分子的合成提供原料。在此合成过程中,叶酸作为重要的辅酶参与这一过程,而 HAT 培养基中氨基蝶呤是一种叶酸的拮抗物,可以阻断 DNA 合成的"D 途径"。

（2）另一条途径是应急途径或补救途径（S 途径）,它是利用次黄嘌呤-鸟嘌呤磷酸核糖转移酶（HGPRT）和胸腺嘧啶核苷激酶（thymidine kinase,TK）催化次黄嘌呤和胸腺嘧啶核苷生成相应的核苷酸,两种酶缺一不可。因此,在 HAT 培养基中,未融合的效应 B 细胞和两个效应 B 细胞融合的"D 途径"被氨基蝶呤阻断,虽"S 途径"正常,但因缺乏在体外培养基中增殖的能力,一般 10d 左右会死亡。

对于骨髓瘤细胞以及自身融合细胞而言,由于通常采用的骨髓瘤细胞是次黄嘌呤-鸟嘌呤磷酸核糖转移酶(HGPRT)缺陷型细胞,因此自身没有"S 途径",且"D 途径"又被氨基蝶呤阻断,所以在 HAT 培养基中也不能增殖而很快死亡。唯有骨髓瘤细胞与效应 B 细胞相互融合形成的杂交瘤细胞,既具有效应 B 细胞的"S 途径",又具有骨髓瘤细胞在体外培养基中长期增殖的特性,因此能在 HAT 培养基中选择性存活下来,并不断增殖。

2. 第二次筛选 在实际免疫过程中,由于采用连续注射抗原的方法,且一种抗原决定簇刺激机体形成相对应的一种效应 B 淋巴细胞,因此从小鼠脾中取出的效应 B 淋巴细胞的特异性是不同的,经 HAT 培养基筛选的杂交瘤细胞特异性也存在差异,所以必须从杂交瘤细胞群中筛选出能产生针对某一预定抗原快定簇的特异性杂交瘤细胞。通常采用有限稀释克隆细胞的方法,将杂交瘤细胞多倍稀释,接种在多孔的细胞培养板上,使每一孔含一个或几个杂交瘤细胞(理论上 30% 的孔中细胞数为 0 时,才能保证有些孔中是单个细胞),再由这些单细胞克隆生长,最终选出分泌预定特异抗体的杂交细胞株进行扩大培养。

(六)单克隆抗体在临床医学上的应用

1. 诊断各类病原体 这是单抗应用最多的领域,已有大量诊断试剂商品供选择,如用于诊断乙肝病毒、丙肝病毒、疱疹病毒、巨细胞病毒、EB 病毒(Epstein-Barr virus,EBV)和各种微生物、寄生虫感染的试剂等。单抗具有的灵敏度高、特异性好等特点,使其在鉴别菌种的型及亚型、病毒变异株,以及寄生虫不同生活周期的抗原性等方面更具独特优势。

2. 肿瘤特异性抗原和肿瘤相关抗原的检测 用于肿瘤的诊断、分型及定位。尽管目前尚未制备出肿瘤特异性抗原的单抗,但对肿瘤相关抗原(如甲胎蛋白、肿瘤碱性蛋白和癌胚抗原)的单抗早就用于临床检验。随着淋巴细胞杂交瘤技术的应用,许多抗人肿瘤标志物的杂交瘤细胞株已经建立,这为肿瘤的早期诊断及阐明肿瘤的发生、发展,了解肿瘤细胞的生物学活性及定量研究奠定了基础。用抗肿瘤单抗检查病理标本,可协助确定转移肿瘤的原发部位。以放射性核素标记单抗可用于体内诊断,再结合 X 线计算机断层扫描技术,可对肿瘤的大小及其转移灶作出定量诊断。

3. 检测淋巴细胞表面标志 用于区分细胞亚群和细胞的分化阶段。例如,检测白细胞分化抗原(CD)系列标志,有利于了解细胞的分化和 T 细胞亚群的数量和质量变化,这对多种疾病的诊断具有参考意义。细胞表面抗原的检测,将对白血病患者的疾病分期、治疗效果、预后判断等方面有指导作用。组织相容性抗原检测是移植免疫学的重要内容,应用单抗对其进行位点检测可得到更可信的结果。

4. 机体微量成分的测定 应用单抗结合其他技术,可对机体的多种微量成分进行测定。如放射免疫分析,即是利用了同位素的灵敏性和抗原-抗体反应的特异性而建立起来的方法,它可以测至 $10^{-9} \sim 10^{-12}$ g,使原来难以测定的激素能够进行定量分析。除了激素,还可检测诸多酶类、维生素、药物和其他生化物质。这对受检者健康状态判断、疾病检出、指导诊断和临床治疗均具有实际意义。

四、基因工程抗体

单克隆抗体问世后,在生命科学理论研究和临床实践中得到极为广泛的应用。但是,迄今所获单克隆抗体多为鼠源性,鼠免疫球蛋白会使机体产生人抗鼠抗体反应,导致被快速清除,半衰期短,需给药次数多、剂量大。鼠抗体可能引起严重过敏反应。如何去除 McAb 的免疫原性而保留其免疫反应性? 理想的方案是 McAb 只包含人的氨基酸序列,无鼠的氨基酸成分,即按不同的需要,将抗体的基因进行加工、改造和重新装配,然后再导入适当的受体细胞内进行表达的抗体分子,这被称为基因工程抗体(genetic engineering antibody),就是第三代抗体。

与单克隆抗体相比,基因工程抗体具有的优点有:

1. 通过基因工程技术的改造,可降低甚至消除人体对抗体的排斥反应。

2. 基因工程抗体的相对分子质量较小,可部分降低抗体的鼠源性,更有利于穿透血管壁,进入病灶的核心部位。

3. 可采用原核细胞、真核细胞和植物等多种表达方式,大量表达抗体分子,大大降低生产成本。

基因工程抗体如人-鼠嵌合抗体(chimeric antibody)、改型抗体(reshaped antibody)、双特异性抗体(bispecific antibody)、小分子抗体等。

(一)人-鼠嵌合抗体

人-鼠嵌合抗体是将鼠源单抗的可变区与人抗体的恒定区融合而得到的抗体(图 3-14)。构建嵌合抗体的大致过程是:将鼠源单抗的可变区基因克隆出来,连到包含人抗体恒定区基因及表达所需的其他元件(如启动子、增强子、选择标记等)的表达载体上,在哺乳动物细胞(如骨髓瘤细胞、CHO 细胞)中表达。

图 3-14　人-鼠嵌合抗体

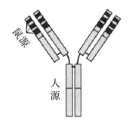

图 3-15　CDR 移植抗体

(二)CDR 移植抗体

CDR 移植即把鼠抗体的 CDR 序列移植到人抗体的可变区内,所得到的抗体称 CDR 移植抗体(图 3-15)或改型抗体,也就是人源化抗体。美国正式上市的 11 种治疗性单抗中多数是改型抗体,优点:①特异性较强;②不易发生变态反应;③在人体内维持的时间较长。

3-11　课外拓展

(三)双特异性抗体

双特异性抗体是指能同时识别 2 种抗原的抗体(图 3-16),1 种对应肿瘤相关抗原,另 1 种对应效应成分,既能结合靶肿瘤细胞,又能结合高细胞毒性的效应细胞,将效应细胞富集在肿瘤周围,实现对肿瘤细胞的杀伤和裂解。特点:除了能特异性识别肿瘤细胞外,还能将循环血液中的免疫效应细胞导向肿瘤细胞处,从而使效应细胞的抗肿瘤活性增强,发挥免疫导向作用。

3-12　思政案例题

(四)小分子抗体

小分子抗体包括 Fab、Fv 或 ScFv、单域抗体及最小识别单位等几种(图 3-17)。小分子抗体有很多优点:可以用细菌发酵生产,成本低;分子小,

3-13　新冠疫情案例题

穿透力强;不含 Fc,没有 Fc 带来的效应;在体内循环的半衰期短,易清除,利于解毒排出;易于与毒素或酶基因连接,便于制备免疫毒素或酶标抗体。

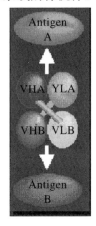

图 3-16　双特异性抗体

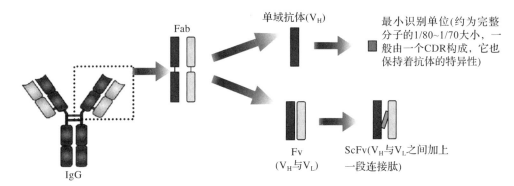

图 3-17　小分子抗体

课后思考

1. 什么是抗体和免疫球蛋白?两者有何关系?
2. 试述 Ig 的基本结构、功能区及其功能和水解片段。
3. 试述免疫球蛋白分子生物学活性。
4. 五类免疫球蛋白的生物学活性是什么?
5. 名词解释:多克隆抗体、单克隆抗体。

3-14　章节作业

3-15　研究性
学习主题

第四章

补体系统

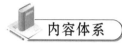 **内容体系**

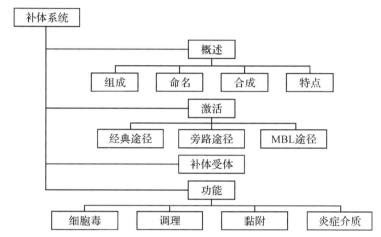

 **课前思考**

1. 补体在哪些因素的作用下能被激活？
2. 补体的各种成分在补体激活过程中有何作用？
3. 补体是如何破坏靶细胞的？
4. 补体激活后在体内有哪些生物学功能？
5. 补体是怎样增强吞噬细胞的活性的？

 **本章重点**

1. 补体的概念、组成、特点。
2. 补体激活的三条途径及生物学意义。

 **教学要求**

1. 掌握补体的概念、组成、特点。
2. 掌握补体三条激活途径(经典途径、旁路途径、MBL 途径)的主要异同点。
3. 掌握补体激活的生物学意义。

在血液或体液内除 Ig 分子外,还发现另一族参与免疫效应的大分子,称为补体分子。早在 19 世纪末,发现在新鲜免疫血清内加入相应细菌,无论进行体内还是体外实验,均可以将细菌溶解,将这种现象称为免疫溶菌现象。如将免疫血清加热 60℃、30min,则可丧失溶菌能力。进一步证明免疫血清中含有两种物质与溶菌现象有关,即对热稳定的组分称为杀菌素,即抗体。其后又证实了抗各种动物红细胞的抗体加入补体成分亦可引起红细胞的溶解现象。自此建立了早期的补体概念,即补体为正常血清中的单一组分,它可被抗原与抗体形成的复合物所活化,产生溶菌和溶细胞现象。而单独的抗体或补体均不能引起细胞溶解现象。

补体(complement,C)是存在于人和动物正常新鲜血浆中具有酶样活性的一组不耐热的球蛋白。补体系统是 30 余种广泛存在于血清、组织液和细胞膜表面蛋白质组成的、具有精密调控机制的蛋白质反应系统,其活化过程表现为一系列丝氨酸蛋白酶的级联酶解反应。多种微生物成分、抗原抗体复合物以及其他外源性或内源性物质可通过 3 条既独立又交叉的途径激活补体,活化的产物具有调理吞噬、杀伤细菌/细胞、溶解病毒、介导炎症、调节免疫应答和溶解清除免疫复合物等多种生物学功能。补体不仅是机体天然免疫防御的重要部分,也是抗体发挥免疫效应的主要机制之一,并对免疫系统的功能具有调节作用。补体缺陷、功能障碍或过度活化与多种疾病的发生和发展过程密切相关。

第一节　概　述

一、补体系统的组成

补体系统由补体固有成分、补体受体、血浆及细胞膜补体调节蛋白等蛋白组成。

4-1　微课视频:
补体概述

1. 补体固有成分　又称补体成分(complement component),是存在于血浆及体液中构成补体基本组成的蛋白质,包括:经典激活途径的 C1q、C1r、C1s、C2、C4;旁路激活途径的 B 因子、D 因子和备解素(properdin,P 因子);甘露聚糖结合凝集素激活途径(MBL 途径)的 MBL、MBL 相关丝氨酸酶(MASP);补体活化的共同组分 C3、C5、C6、C7、C8、C9。

4-2　知识点课
件:补体概述

2. 补体受体(complement receptor)　指存在于不同细胞膜表面、能与补体激活过程中形成的活性片段相结合、介导多种生物效应的受体分子。目前已发现 CR1、CR2、CR3、CR4、CR5 及 C3aR、C4aR、C5aR、C1qR、C3eR、H 因子受体(HR)等。

3. 补体调节蛋白(complement regulatory protein)　指存在于血浆中和细胞膜表面,通过调节补体激活途径中关键酶而控制补体活化强度和范围的蛋白分子,包括:血浆中 H 因子、I 因子、C1-INH、C4bp、S 蛋白、Sp40/40、羧肽酶 N(过敏毒素灭活因子)、H 因子样蛋白(FHL)、H 因子相关蛋白(FHR);存在于细胞膜表面的衰变加速因子(DAF)、膜辅助蛋白(MCP)、CD59 等。

二、补体的命名

(一)补体成分的命名

补体经典激活途径和终末成分按照其发现先后,依次命名为 C1、C2、C3~C9,但其激活次序却为 C1、C4、C2、C3、C5、C6、C7、C8、C9。补体旁路途径成分称为因子(factor),并以字母相区别,如 B 因子、D 因子、H 因子、I 因子、P 因子。

(二)补体片段的命名

补体在活化过程中被裂解成多个片段,其中较小的片段为 a(如 C3a、C5a),较大者为 b(如 C3b),但 C2 例外,C2a 为较大片段。另外,失活的 C3b 和 C4b 还可继续裂解为较小片段,如 C3c、C3d 等。

(三)其他命名原则

此外,补体还有其他命名原则:①组成某一补体成分的肽链用希腊字母表示,如 C3α 链和 β 链等;②具有酶活性的分子,在其上加横线表示之,如 C1 为无酶活性分子,而 $\overline{C1}$ 为有酶活性分子;③补体调节蛋白可按其功能命名,如衰变加速因子(DAF)、膜辅助蛋白(MCP)等。

三、补体的合成

约 90% 的血浆补体成分由肝合成,仅少数成分在肝以外的其他部位合成,例如,C1 由肠上皮细胞和单核-巨噬细胞产生;D 因子在脂肪组织中产生。此外,多种器官和细胞(如单核-巨噬细胞、内皮细胞、淋巴细胞、神经胶质细胞、肾脏上皮细胞、生殖器官等)也能合成补体成分。

IFN-γ、IL-1、TNF-α、IL-6、IL-11 等细胞因子可刺激补体基因转录和表达。感染部位浸润的单核-巨噬细胞可产生全部补体成分,从而及时补充和提高局部补体水平。因此,在组织损伤急性期以及炎症状态下,补体产生增多,血清补体水平升高。

四、补体的生物学特点

1. 补体含量相对稳定,约占血浆总球蛋白的 10%～15%。

2. 补体对理化因素的作用敏感,61℃、2min 或 56℃、15～30min 灭活;而抗体能耐受 56℃、30min。补体可保存在－20℃以下,0～10℃可保持活性 3～4d。补体对其他理化因素,如紫外线、振荡、酸、碱等都敏感。

3. 补体能与抗原抗体复合物结合并被激活。补体被激活后,导致一系列生物活性反应,增强机体防御能力,协助抗体消灭病原微生物。

4-3 知识点测验题

4. 不同种动物血清中补体含量不一致,豚鼠中补体含量最多,活性最强。

5. 补体代谢率高,合成率 0.5～1.5mg/(kg・h),半衰期为 58h。

4-4 微课视频:补体的激活

第二节 补体系统的激活

血浆中非活化的补体成分无生物学功能,仅当补体级联酶促反应被激活后,才产生具有生物学活性的产物。多种外源性或内源性物质可通过 3 条途径激活补体。

(1)从 C1q→C1r2→C1s2 开始的经典途径(classic pathway),抗原抗体复合物为主要激活物(图 4-1)。

(2)从 C3 开始的旁路途径(alternative pathway),其不依赖于抗体。

4-5 知识点课件:补体的激活

(3)通过甘露聚糖结合凝集素(mannan binding lectin,MBL)糖基识别的凝集素激活途径。此外,上述 3 条途径有共同的终末反应过程。

一、经典途径

(一)激活物

(1)IgM 或 IgG 的抗原抗体复合物。

(2)核酸、酸性黏多糖、肝素、鱼精蛋白、C-反应蛋白、细菌脂多糖(LPS)、某些病毒蛋白(如 HIV 的 gp120)等。

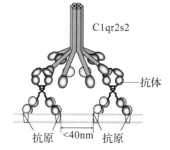

图 4-1　抗原抗体复合物激活 C1q

(二)活化过程有 3 个功能单位

(1)识别单位:C1q、C1r、C1s。

(2)活化单位:C4、C2、C3。

(3)攻膜单位:C5~C9。

(三)参与经典途径的补体成分

参与经典途径活化的补体成分依次为 C1、C4、C2、C3、C5、C6、C7、C8、C9。

血浆中 C1 通常以 $C1q(C1r)_2(C1s)_2$ 复合大分子形式存在,每个 C1s 和 C1r 分子均含一个丝氨酸蛋白酶结构域,如图 4-2 所示。

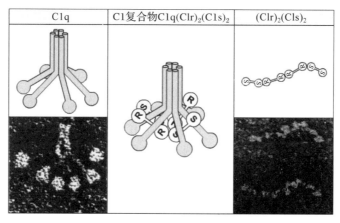

图 4-2　C1 分子结构模式图

C2 为丝氨酸蛋白酶原,其血浆浓度很低,是补体活化级联酶促反应的限速步骤。C3 是血浆中浓度最高的补体成分,是 3 条补体激活途径的共同组分。C3 分子由 α、β 两条肽链组成。C4 由 α、β 和 γ 三条肽链组成,其分子结构与 C3 相似。

最终形成膜攻击复合物,造成靶细胞膜的损伤和靶细胞溶解。C5 转化酶裂解 C5,形成的 C5b 可依次结合 C6、C7,形成 C5b67 复合物,并结合在细胞表面。C8 可结合该复合物中的 C7,进而通过构型改变插入细胞膜脂质双层,使形成的 C5b678 复合物牢固地附着在细胞表面,并使细胞膜出现轻微损伤,但其溶细胞能力有限。当附着在细胞膜表面的 C5b678 复合物与 C9 分子结合,聚合 12~15 个单链的 C9 分子形成 C5b~9 复合物,才可在细胞膜上形成孔道。因此,C5b~9 称为膜攻击复合物(membrane attack complex,MAC)。电镜下可见到这种聚合 C9 分子是一个中空的多聚体,插入靶细胞的脂质双层膜后可造成细胞膜上内径为 11nm

的小孔,导致细胞内容物外漏,最终导致靶细胞溶解破坏。

(四)经典途径激活过程

补体经典途径激活过程如图 4-3 所示。

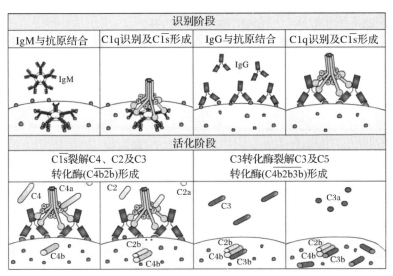

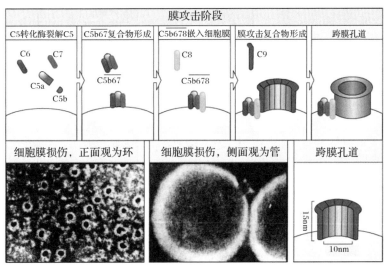

图 4-3　补体经典途径激活过程模式图

1.**识别阶段**　当抗体与抗原结合后,抗体构型发生改变,暴露出位于 Fc 段上的补体结合点,C1q 便与之结合,继而激活 C1r、C1s。

C1q 须与 2 个以上 Fc 段结合后才发生构型改变,使与 C1q 非共价结合的两分子 C1r 相互裂解而活化,活化的 C1r 激活 C1s 的丝氨酸蛋白酶活性。

C1s 的第一个底物是 C4 分子:在 Mg^{2+} 存在下,C1s 使 C4 裂解为 C4a 小片段和 C4b 大片段,大部分新生的 C4b 与 H_2O 反应而失活,仅 5% 的 C4b 共价结合至紧邻细胞或颗粒表面。

C1s 的第二个底物是 C2 分子:C2 与 C4b 形成 Mg^{2+} 依赖性复合物,被 C1s 裂解后产生 C2b 小片段和 C2a 大片段。C2b 与 C4b 结合成 C$\overline{4b2b}$ 复合物(即 C3 转化酶)。丝氨酸蛋白酶活性存在于 C2b 片段,其活性仅在与 C4b 结合时显示。

2. 活化阶段　活化的 C1s 依次裂解 C4 和 C2,形成具有酶活性的 C3 转化酶,后者进一步酶解 C3 并形成 C5 转化酶。此过程为经典途径的活化阶段。在活化阶段,补体 C4、C2、C3 和 C5 的级联酶解中,每一补体分子均裂解为 a、b 两个片段。a 片段为小分子,游离于体液中,发挥趋化作用、过敏毒素和免疫黏附、调理作用等;b 片段为大分子,结合在激活物颗粒(如细胞、细菌)表面,参与 C3 转化酶和 C5 转化酶的形成。

3. 膜攻击阶段　C5 转化酶($\overline{C3bBb3b}$ 或 $\overline{C4b2b3b}$)将 C5 裂解为小片段 C5a 和大片段 C5b。C5a 游离于液相,是重要的炎症介质;C5b 可与 C6 稳定结合为 C5b6;C5b6 自发与 C7 结合成 C5b~7,暴露膜结合位点,与附近的细胞膜非特异性结合;结合在膜上的 C5b~7 可与 C8 结合,所形成的 C5b~8 可促进 C9 聚合,形成 $\overline{C5b6789n}$ 复合物,即膜攻击复合物(MAC)。插入膜上的 MAC 通过破坏局部磷脂双层而形成"渗漏斑",或形成穿膜的亲水性孔道,最终导致细胞崩解。

二、旁路途径

旁路途径又称替代激活途径(alternative pathway),指由 B 因子、D 因子和备解素参与,直接由微生物或外源异物激活 C3,形成 C3 与 C5 转化酶,激活补体级联酶促反应的活化途径。旁路途径是最早出现的补体活化途径(图 4-4),乃抵御微生物感染的非特异性防线。

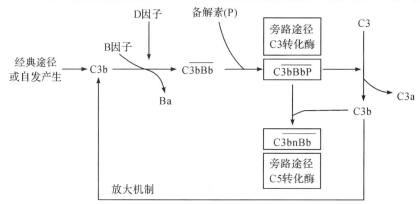

图 4-4　旁路途径

(一)旁路途径的主要激活物

旁路途径的激活物乃为补体激活提供保护性环境和接触表面的成分,如某些细菌、内毒素、酵母多糖、葡聚糖等。

(二)旁路途径活化过程

1. 参与成分　C3、C5~C9、B 因子、D 因子、P 因子。

2. 激活过程　不需要 C1、C4、C2 的参与,血浆中天然的 C3 能缓慢分裂成 C3b 是关键。

C3 有限裂解和 C3bB 形成。在正常情况下,体内的蛋白水解酶可使 C3 有限微弱裂解,产生少量 C3b,使机体总保持着"箭在弦上,一触即发"的警觉状态。处于液相的 C3b 极不稳定,易被体液中的 I 因子、H 因子灭活。一旦有病原微生物入侵,细菌细胞壁的脂多糖和肽聚糖等激活物提供了补体分子可以接触的固相表面,使补体级联酶促反应得以进行。C3b 结合在细菌表面后,可发生结构改变,结合 B 因子,形成稳定的 C3bB 复合物,并在 D 因子作用下,进一步裂解 B 因子形成旁路途径的 C3 转化酶,触发旁路途径的激活。

与激活物表面结合的 $\overline{C3bBb}$ 可裂解更多 C3 分子,其中部分新生的 C3b 又可与 Bb 结合,此即旁路激活的正反馈放大效应。少量 C3b 与 C3bBb 复合物中的 C3b 结合,形成 C5 转化酶 C $\overline{\text{3bnBb}}$,其后为终末过程(图 4-5)。

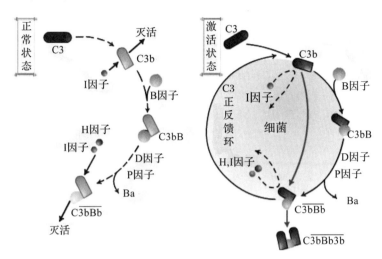

图 4-5　补体激活的旁路途径示意图

三、MBL 途径

　　MBL 途径(MBL pathway)指由血浆中甘露聚糖结合凝集素(MBL)直接识别多种病原微生物表面的氨基半乳糖或甘露糖,进而依次活化 MASP-1、MASP-2、C4、C2、C3,形成与经典途径相同的 C3 与 C5 转化酶,激活补体级联酶促反应的活化途径。MBL 途径的主要激活物为含有氨基半乳糖或甘露糖的病原微生物。

　　MBL 分子结构类似于 C1q 分子。依赖于 Ca^{2+} 存在,MBL 可与多种病原微生物表面的氨基半乳糖或甘露糖结合,并发生构型改变,导致 MBL 相关的丝氨酸蛋白酶(MBL-associated serine protease,MASP)活化(图 4-6)。

　　MASP 有两类:活化的 MASP-2 能以类似于 C1s 的方式裂解 C4 和 C2,生成类似经典途径的 C3 转化酶 C $\overline{\text{4b2b}}$,进而激活后续的补体成分;MASP-1 能直接裂解 C3 生成 C3b,形成旁路途径的 C3 转化酶 C $\overline{\text{3bBb}}$,参与并加强旁路途径正反馈环路(图 4-7)。因此,MBL 途径对补体经典途径和旁路途径活化具有交叉促进作用。

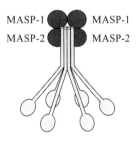

图 4-6　MASP 结构示意图

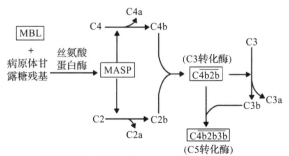

MBL:甘露聚糖结合凝集素;MASP:MBL 相关的丝氨酸蛋白酶

图 4-7　补体激活的 MBL 途径

四、三条途径的比较

补体激活的经典途径、旁路途径、MBP 途径的区别见表 4-1。

表 4-1　三条途径的区别

比较项目	经典途径	旁路途径	MBP 途径
激活物	抗原-抗体复合物	细菌脂多糖等	病原微生物表面甘露糖残基
补体成分	C1～C9	B、D、P 因子、C3、C5～C9	MBL、MASP-1、MASP-2、C2～C9
所需离子	Ca^{2+}, Mg^{2+}	Mg^{2+}	Ca^{2+}
C3 转化酶	C$\overline{4b2b}$	C$\overline{3bBb}$	C$\overline{4b2b}$
C5 转化酶	C$\overline{4b2b3b}$	C$\overline{3bnBb}$	C$\overline{4b2b3b}$
作用	在特异性体液免疫应答的效应阶段发挥作用	参与非特异性免疫,在感染早期发挥作用	参与非特异性免疫,在感染早期发挥作用

相同点:三条途径有共同的末端通路,即形成膜攻击复合物溶解细胞。三条激活途径全过程如图 4-8 所示。

4-6　知识点测验题

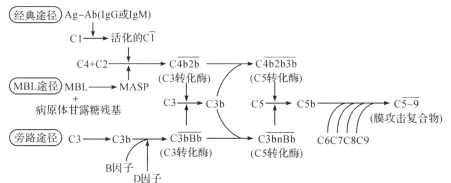

图 4-8　补体三条激活途径全过程示意图

第三节　补体受体

补体活化过程中产生多种活性片段,它们通过与相应受体结合而发挥生物学效应。

(一)补体 Ⅰ 型受体(CR1,C3b 受体,CD35)

CR1 广泛分布于多种免疫细胞表面,血液中约 85% 的 CR1 表达于红细胞表面。CR1 的配体依其亲和力大小顺序为 C3b、C4b、iC3b。

CR1 的主要免疫学功能是:①调理作用。细菌或病毒表面的 C3b 可与吞噬细胞表面的 CR1 结合,发挥调理作用。②调节补体活化。CR1 可抑制 C3 转化酶活性,保护宿主细胞免受补体介导的损伤。③清除免疫复合物。红细胞借助 CR1 与吸附 C3b 的免疫复合物结合,将它们转移至肝、脾,由该处的巨噬细胞清除之。

(二)补体受体 Ⅱ 型(CR2,C3b 受体,CD21)

CR2 表达在 B 细胞、活化的 T 淋巴细胞、上皮细胞和滤泡树突状细胞(follicular dendritic cell,FDC)表面,其配体是 iC3b、C3d、C3dg、C3b 等。

CR2 可与 CD19 和 CD81 在 B 淋巴细胞膜表面形成复合物,从而参与 B 淋巴细胞的激活。

FDC 表面的 CR2 可参与 B 淋巴细胞记忆的形成。此外，CR2 可作为 Epstein-Barr 病毒 (Epstein-Barr virus, EBV)进入 B 淋巴细胞或其他 CR2 阳性细胞的门户，从而参与某些疾病的发生和发展。

（三）补体受体Ⅲ型（CR3, Mac-1, CDHb/CD18）

CR3 广泛分布于包括吞噬细胞在内的多种免疫细胞表面，其配体主要是 iC3b。CR3 可促进吞噬细胞吞噬 iC3b 包被的微生物颗粒。

（四）补体受体Ⅳ型（CR4, p150/95, CD11c/CD18）

CR4 高表达于吞噬细胞表面，其配基和组织分布均与 CR3 相同。

（五）C3aR 和 C5aR（CD88）

C3aR 和 C5aR 广泛表达于肥大细胞、嗜碱性粒细胞、中性粒细胞、单核-巨噬细胞、内皮细胞、平滑肌细胞和淋巴细胞表面。C3a 和 C5a 通过与相应受体结合而发挥作用。

（六）C1q 受体

C1q 受体可增强吞噬细胞对 C1q 调理的免疫复合物和 MBL 调理的细菌的吞噬作用，还可促氧自由基产生、增强细胞介导的细胞毒作用等。

第四节　补体的功能及生物学意义

4-7　微课视频：补体的功能

补体活化的共同终末效应是在细胞膜上组装 MAC，介导细胞溶解效应。同时，补体活化过程中生成多种裂解片段，通过与细胞膜相应受体结合而介导多种生物学功能。

一、细胞毒及溶菌、溶解病毒作用

4-8　知识点课件：补体的功能

补体激活产生 MAC，形成穿膜的亲水性通道，破坏局部磷脂双层，最终导致细胞崩解。MAC 的生物学效应是：溶解红细胞、血小板和有核细胞；参与宿主抗细菌（革兰阴性菌）和抗病毒（如 HIV）防御机制。补体介导的细胞溶解如图 4-9 所示。

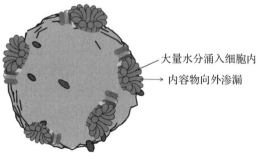

大量水分涌入细胞内
内容物向外渗漏

图 4-9　补体介导的细胞溶解

二、调理作用

C3b、C4b 和 iC3b 与细菌或其他颗粒结合，通过与吞噬细胞表面 CR1、CR3、CR4 结合而促进其吞噬作用，此为补体的调理作用。这种调理吞噬作用可能是机体抵抗全身性细菌和真菌感染的主要机制之一(图 4-10)。

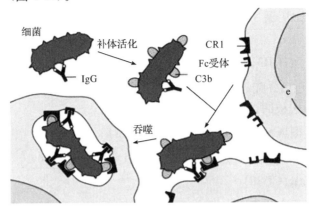

图 4-10　C3b/CR1 促进吞噬细胞的吞噬(调理)作用

三、免疫黏附作用

可溶性抗原-抗体复合物(如毒素-抗毒素复合物)活化补体后,产生的 C3b 可共价结合至复合物上,通过 C3b 与 CR1 阳性红细胞、血小板黏附,将免疫复合物转移至肝、脾内,被巨噬细胞清除,此为免疫黏附(immune adherent),是机体清除免疫复合物的重要机制(图 4-11)。

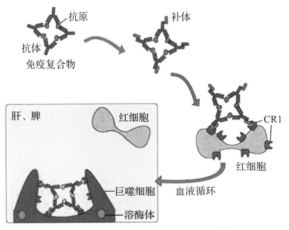

图 4-11　C3b/CR1 介导的免疫黏附作用

四、炎症介质作用

C3a 和 C5a 被称为过敏毒素(anaphylatoxin),它们可与肥大细胞或嗜碱性粒细胞表面 C3aR 和 C5aR 结合,触发靶细胞脱颗粒,释放组胺和其他血管介质,介导局部炎症反应。此外,C5a 对中性粒细胞等有很强的趋化活性;可诱导中性粒细胞表达黏附分子;刺激中性粒细胞产生氧自由基、前列腺素和花生四烯酸;引起血管扩张、毛细血管通透性增高、平滑肌收缩等。

 课后思考

1. 试比较补体三条激活途径的异同点。
2. 补体系统具有哪些生物学功能?

4-9　章节作业

4-10　研究性
学习主题

4-11　课外拓展

第五章

细胞因子

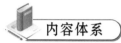 内容体系

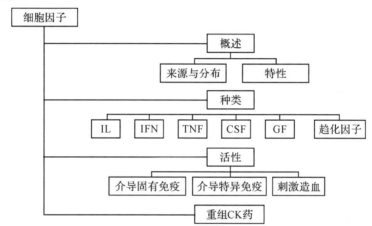

 课前思考

1.造血干细胞分化为各种免疫细胞时,需要哪些因素协调?

2.细胞与细胞之间通过什么途径彼此影响?

3.治疗病毒性疾病,一般要用到什么生物制剂?

4.造血干细胞移植时,其"动员剂"是什么成分?

5.非特异性免疫中需要哪些细胞因子参与?

6.在免疫球蛋白产生过程中,需要哪些细胞因子参与?

7.在细胞分化过程中,需要哪些细胞因子参与?

 本章重点

1.细胞因子的概念、特性、种类。

2.细胞因子的生物学活性。

 教学要求

1.掌握细胞因子的概念、共同特征、分泌方式。

2.掌握细胞因子分类（白细胞介素、干扰素、肿瘤坏死因子-α、集落刺激因子、生长因子、趋化性细胞因子）。

3.熟悉细胞因子的生物学意义（抗菌、抗病毒、介导炎症反应、参与免疫应答和免疫调节、刺激造血等）。

细胞因子（cytokine,CK）是由多种细胞，特别是免疫细胞所产生、具有广泛生物学活性的小分子蛋白（相对分子质量为8000～80000）。细胞因子在免疫细胞分化发育、免疫调节、炎症反应、造血功能中均发挥重要作用，并参与人体多种生理和病理过程的发生和发展。目前,已发现200余种人类细胞因子,随着人类基因组计划的完成,新的细胞因子家族及其成员还在不断被发现。

第一节　概　述

一、细胞因子的来源和分布

体内多种免疫细胞（如T淋巴细胞、B淋巴细胞、单核-巨噬细胞、NK细胞等）和非免疫细胞（如血管内皮细胞、表皮细胞、成纤维细胞等）均可产生细胞因子。此外，某些肿瘤细胞也可产生某些种类的细胞因子。多数细胞因子以单体形式存在,少数细胞因子如IL-10、IL-12、GM-CSF、TGF-β等以双聚体形式存在,TNF可形成三聚体（图5-1）。

5-1　微课视频：
细胞因子概述

一般情况下,免疫细胞是细胞因子的主要来源,尤其是激活的淋巴细胞和单核-巨噬细胞可产生多种细胞因子。据此,可根据细胞因子的来源将其分为淋巴因子（lymphokine）和单核因子（monokine）。前者包括IL-2、IL-4、IL-5、IFN等;后者包括TNF-α、IL-1、IL-6、IL-8等。

5-2　知识点课件：
细胞因子概述

多数细胞因子是以可溶性蛋白的形式分布于组织间质和体液中,但某些细胞因子（如TNF等）可以跨膜分子形式表达于产生细胞的表面。

 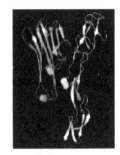 

单体IL-1　　　　双聚体GM-CSF　　　　三聚体TNF

图5-1　细胞因子的存在类型

二、细胞因子的一般特性

1.均为低分子的多肽或糖蛋白,相对分子质量为6000～60000,少于200个氨基酸。

2.细胞因子的产生具有以下特点:

多向性:一种淋巴细胞产生多种细胞因子。

多源性:多种细胞可产生同一种细胞因子。

3.与相应受体特异性结合才能发挥作用。细胞因子可以旁分泌、自分泌或内分泌的方式发挥作用(图5-2)。

4.具有高效性、多效性、网络性

(1)高效性:$10^{-15} \sim 10^{-10}$ mol 就能发挥作用。

(2)多效性:一种细胞因子产生多种生物学效应。

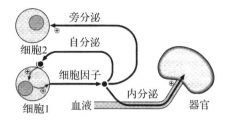

图 5-2　细胞因子的作用方式

(3)网络性:细胞因子相互渗透,调节细胞的活化与分化,表现增强或抑制,具有免疫调节作用(图5-3)。

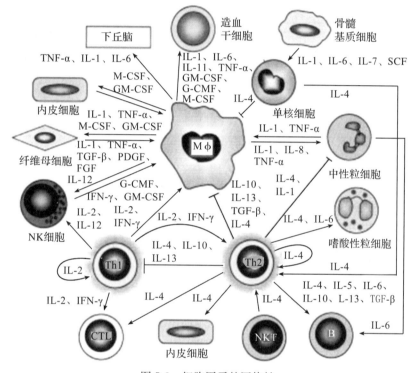

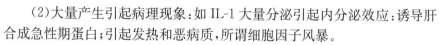

图 5-3　细胞因子的网络性

5.细胞因子作用的两面性

(1)在生理条件下:发挥免疫调节,抗感染、抗肿瘤。如 IL-1 局部低浓度参与免疫调节:协同刺激 APC 和 T 淋巴细胞活化,促进 B 淋巴细胞增殖和分泌抗体。

(2)大量产生引起病理现象:如 IL-1 大量分泌引起内分泌效应:诱导肝合成急性期蛋白;引起发热和恶病质,所谓细胞因子风暴。

5-3　知识点测验题

第二节　细胞因子种类

细胞因子的种类繁多,功能各异。可按照细胞因子来源、作用的靶细胞不同或按其主要生物学功能给予命名并进行归类。

5-4　微课视频:细胞因子的种类

一、白细胞介素(interleukin, IL)

IL 是一组由淋巴细胞、单核-巨噬细胞和其他免疫细胞产生的能介导白细胞和其他细胞间相互作用的细胞因子,如图 5-4 所示。自 20 世纪 80 年代起,鉴于陆续发现的细胞因子均来源于白细胞,并参与白细胞间的信息交流,故将它们统称为白细胞介素。目前已证实,白细胞以外的其他某些细胞也可产生 IL,但仍沿用此命名。IL 的主要作用:调节细胞生长、分化,参与免疫应答和介导炎症反应。有 33 种以上,分别命名为 IL1~IL33。

5-5 知识点课件:
细胞因子的种类

二、干扰素(interferon, IFN)

IFN 具有干扰病毒复制的作用而得名。现已证实,干扰素具有十分广泛的生物学活性,在免疫应答和免疫调节中发挥重要作用,也是主要的促炎细胞因子之一。

根据干扰素的来源、生物学性质及活性,可将其分为 IFN-α、IFN-β 和 IFN-γ。其中,IFN-α 主要由单核-巨噬细胞及 B 淋巴细胞、成纤维细胞产生,至少有 15 个成员;IFN-β 主要由成纤维细胞产生。两者又称 I 型干扰素,主要的生物学活性是抑制病毒复制、

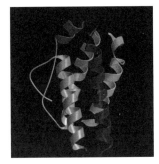

图 5-4 白细胞介素-2

抑制多种细胞增殖、参与免疫调节及抗肿瘤等。IFN-γ 又称 II 型干扰素,主要由活化的 T 淋巴细胞和 NK 细胞产生,其生物学活性为:抗病毒、抑制细胞增殖、激活巨噬细胞、促进多种细胞表达 MHC 抗原、促进 Th1 细胞分化、参与炎症反应等。

三、肿瘤坏死因子(tumor necrosis factor, TNF)

由于此因子在体内外均可直接杀伤肿瘤细胞而得名。其家族成员约有 30 个,其中:

TNF-α 主要由单核-巨噬细胞及其他多种细胞产生,具有极为广泛的生物学活性,如参与免疫应答、抗肿瘤、介导炎症反应、参与内毒素休克、引起恶液质等。

TNF-β 又称为淋巴毒素(limphotoxin, LT),主要由淋巴细胞、NK 细胞等产生,其生物学活性与 TNF-α 类似。

四、集落刺激因子(colony stimulating factor, CSF)

CSF 是一组在体内外均可选择性刺激造血祖细胞增殖、分化并形成某一谱系细胞集落的细胞因子,包括巨噬细胞 CSF(macrophage-CSF, M-CSF)、粒细胞 CSF(granulocyte-CSF, G-CSF)和巨噬细胞/粒细胞 CSF(GM-CSF)等。此外,IL-3 可刺激多谱系细胞集落形成,又称为 multi-CSF;干细胞因子(stem cell factor, SCF)可刺激干细胞分化为不同谱系血细胞;红细胞生成素(erythropoietin, EPO)可促进红细胞增生、分化和成熟。上述因子也可视为 CSF 家族成员。

五、生长因子(growth factor,GF)

GF乃一类可介导不同类型细胞生长和分化的细胞因子,根据其功能和作用的靶细胞不同,分别命名为转化生长因子β(transforming growth factor β,TGF-β)、神经生长因子(nerve growth factor,NGF)、表皮生长因子(epithelial growth factor,EGF)、成纤维生长因子(fibroblast growth factor,FGF)、血小板源生长因子(platelet-derived growth factor,PDGF)、血管内皮生长因子(vascular endothelial growth factor,VEGF)等。

六、趋化因子(chemokine)

趋化因子是一类对不同靶细胞具有趋化效应的细胞因子家族,已发现50余个成员。该家族成员依据其分子N端半胱氨酸的数目及其间隔,可分为CC、CXC、C、CX3C四个亚家族。

CXC亚家族(如IL-8)主要对中性粒细胞具有趋化和激活作用(图5-5)。

CC亚家族,如单核细胞趋化蛋白(monocyte chemoattractant protei,MCP)和RANTES (reduced upon activation normal T expression and secretion),主要对中性粒细胞以外的白细胞,尤其是单核-巨噬细胞具有趋化和激活作用。

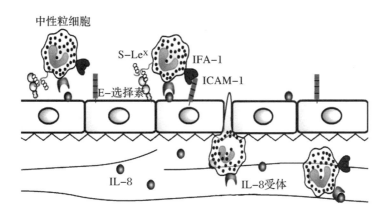

图5-5　对中性粒细胞的趋化作用

5-6　知识点测验题

第三节　细胞因子的生物学活性

细胞因子的生物学活性如下(图5-6):

1.介导自然免疫、参与抗肿瘤和抗感染。

2.调节T、B淋巴细胞活化、生长和分化,介导细胞免疫和体液免疫。

3.刺激骨髓祖细胞生长和分化为各种成熟血细胞。

4.在炎症、感染和内毒素血症中的作用。

5.在超敏反应和自身免疫病中的作用。

6.细胞因子通过激活其相应受体(CKR),导致细胞的增殖与分化或分泌某种蛋白质。

5-7　微课视频:细胞因子的生物学活性

5-8　知识点课件:细胞因子的生物学活性

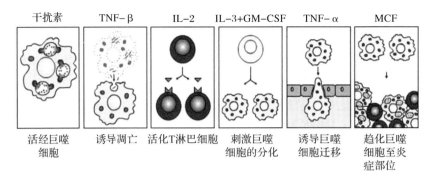

图 5-6 细胞因子的生物学活性

一、介导和调节固有免疫

介导固有免疫的细胞因子主要由单核-巨噬细胞分泌,表现抗病毒、抗细菌感染的作用。

(一)抗病毒感染

Ⅰ型干扰素(IFN-α/β)、IL-15 和 IL-12 是三种重要的抗病毒细胞因子(图 5-7)。受到病毒感染的细胞可合成和分泌 IFN-α/β,刺激邻近的细胞合成抑制 RNA 及 DNA 病毒复制的酶类使其进入抗病毒状态。

IFN-α/β:具有增强 NK 细胞裂解病毒感染细胞的功能,增强 CTL 的活性。

IL-12:能增强激活的 NK 细胞和 CD_8^+ T 淋巴细胞裂解靶细胞。

IL-15:能刺激 NK 细胞的增殖。

抗病毒细胞因子的这些功能均有利于消除病毒的感染。

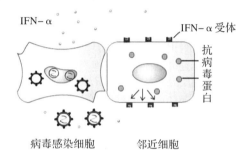

图 5-7 干扰素的抗病毒作用

(二)抗细菌感染

TNF、IL-1、IL-6 和趋化性细胞因子被称为促炎症细胞因子,是启动抗菌作用的关键细胞因子,可促进肝产生急性期蛋白(acute phage protein),增强机体抵御致病微生物的侵袭;还是内源性致热原,可作用于体温调节中枢,引起发热。

TNF 的作用:①引起白细胞在炎症部位的聚集;②激活炎性白细胞去杀灭微生物。

IL-1 的作用:刺激单核-巨噬细胞和内皮细胞分泌趋化性细胞因子。

IL-6 的作用:刺激肝细胞分泌急性期蛋白,有利于抑制和排除细菌(图 5-8)。

二、介导和调节特异性免疫应答

这一类细胞因子主要由抗原活化的 T 淋巴细胞分泌,调节淋巴细胞的激活、生长、分化和发挥效应。在受到抗原的刺激后,淋巴细胞的活化受到细胞因子的正负调节(图 5-9)。例如,IFN-γ 通过刺激抗原递呈细胞表达MHC-Ⅱ类分子,促

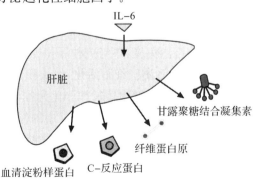

图 5-8 细胞因子诱导急性期蛋白的合成

进 CD$_4^+$ T 淋巴细胞的活化；IL-2、IL-4、IL-5、IL-6 等可促进 T/B 淋巴细胞激活、增殖和分化；趋化因子可诱导不同免疫细胞的定向运动，并参与其激活；TNF 等参与免疫效应阶段的细胞毒作用；TGF-β 可抑制巨噬细胞的激活。

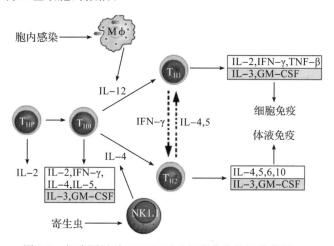

图 5-9　细胞因子对 Th1 和 Th2 细胞分化的调节作用

三、刺激造血

由骨髓基质细胞和 T 淋巴细胞等产生刺激造血的细胞因子在血细胞的生成方面起重要作用，其生成过程如图 5-10 所示。

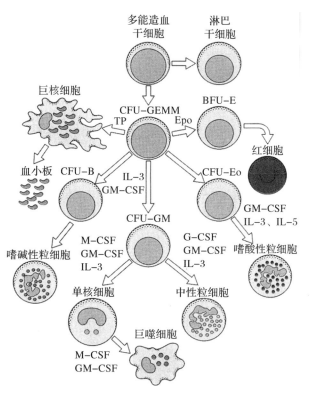

图 5-10　细胞因子刺激血细胞生成

第四节 重组细胞因子类药物

目前,市场上主要的国产重组细胞因子类药物包括 IFN、IL-2、G-CSF、重组表皮生长因子(recombinant human epidermal growth factor,rEGF)、重组链激酶(recombinant streptokinase,rSK)等 15 种基因工程药物。组织溶纤原激活剂(tissue-type plasminogen activator,T-PA)、IL-3、重组人胰岛素、尿激酶等十几种多肽药物正处于临床 II 期试验阶段,单克隆抗体的研制已从实验阶段进入临床试验阶段。正在开发研究中的项目包括采用新的高效表达系统生产重组凝乳酶等 40 多种基因工程新药。

在欧美市场上,对现有重组药物进行分子改造而开发的某些第二代基因药物已经上市,如重组人脑利钠肽、胞内多肽等。另外,重组细胞因子融合蛋白、人源单克隆抗体、反义核酸,以及基因治疗、新的抗原制备技术、转基因动物生产等,均取得了实质性的进展。国外生物医药研究的发展动向主要反映在以下几方面:

一、与血管发生有关的细胞因子

肿瘤血管生长因子(tumor angiogenesis factors,TAF)包括研究较多的血管内皮生长因子(VEGF)、成纤维生长因子(FGF)、血小板源生长因子(PDGF)等,它们促进肿瘤新生微血管的生长。临床研究表明,阻断 VEGF 受体 2(VEGFR-2)和 PDGF 受体 β(PDGFR-β)等,可达到通过抗血管生成来治疗肿瘤的目的。1998 年,美国科研人员发现两种用于治疗癌症的血管发生抑制因子(即抗血管生长因子)和内皮抑制素,以及一种抗血管生长蛋白,即血管抑制素(vasculostatin),都有较好的疗效。另外,VEGF、FGF 和血管生长素(angiopoietin)等能够通过刺激动脉内壁的内皮细胞生长来促进形成新的血管,从而对冠状动脉疾病和局部缺血具有治疗作用。

二、集落刺激因子(CSF)

CSF 有四种:GM-CSF、G-CSF、M-CSF 和 Multi-CSF,它们对造血细胞的生长分化起介导作用。在临床上,重组 CSF 能提高患者的耐受力,增加化疗强度和敏感性,加速骨髓移植后造血功能的恢复,因此已用于治疗肿瘤放疗和化疗后的白细胞减少、再生障碍性贫血、白血病和粒细胞缺乏症等。因 CSF 能增强抗原递呈细胞的免疫功能,故可利用重组人 CSF 基因的反转录病毒载体,转导鼠和人肿瘤细胞,通过这样的途径制作肿瘤疫苗,诱导机体产生有效的抗肿瘤免疫反应。重组 CSF 还被广泛用作疫苗佐剂,协助接种疫苗。但在副作用方面,重组CSF 可引起轻微的发烧、寒战、恶心、呕吐、无力、头痛、肌痛和关节痛等。

三、干细胞因子(SCF)

SCF 有多种重要的生理功能,是一种主要对造血细胞起重大作用的细胞因子,在自体外周血造血前体细胞的移植、放疗和化疗的辅助治疗、再生障碍性贫血等血液病的治疗及遗传性骨髓缺陷综合征的治疗方面,有良好的应用前景。在临床上,SCF 可用于建立体外造血前体细胞库,如骨髓库、脐血库,并进行体外扩增。SCF 对肿瘤免疫治疗中树突状细胞的扩增、基因治疗中靶细胞的扩大等也具有价值。1998 年,曹诚等在大肠杆菌中高效表达了可溶形式的人 SCFA，目的蛋白质占菌体总蛋白质的 40％左右。表达产物复性后，经离子交换、凝胶过滤层析后测定，重组人 SCF 的氨基端序列及其他理化性质与天然人 SCF 相同，可刺激人骨髓细胞增殖，导致粒细胞-巨噬细胞集落(CFU-GM)明显增加，显示出天然 SCF 的生物功能活性。

四、肿瘤坏死因子(TNF)

TNF 是人体内对肿瘤有直接杀伤作用的一种细胞因子，可使瘤体缩小或消失，对多种肿瘤的中晚期患者有一定的治疗作用，但在临床应用中发现有明显的毒副反应，如发热、寒战、恶心呕吐、头痛、肝肾功能改变等。20 世纪 80 年代，许多国际机构因没有很好地解决毒副作用问题而放弃了有关重组人 TNF 的研制。近年来，第二军医大学在国际上首创二轮基因扩增引物法，通过哺乳动物细胞的表达，成功地获得重组人 TNF，它能选择性地杀死癌细胞，毒性低、疗效高，目前已完成前期临床试验，即将作为国家一类新药应用于临床。

五、白细胞介素(IL)

IL 是一组介导白细胞间相互作用的细胞因子，在免疫系统中发挥重要的生理功能。自 1979 年第一个 IL 被命名后，新的 IL 相继被发现和克隆。近期的发现均借助计算机克隆技术，即利用商业化的 EST 数据库，在同源性分析的基础上进行基因克隆、细胞表达和功能分析，最终确认新的 IL。这条技术路线实质上是从基因到蛋白质再到体内外功能的路线。

五个新的正式排序的 IL 包括 IL-19、IL-20、IL-21、IL-22 和 IL-23，它们目前虽未见诸临床应用报道，但均具备可观的药物开发前景。1999 年，美国 HGS 公司报道了 IL-19。IL-19 主要在活化的单核-巨噬细胞中表达，对于抗原递呈细胞具有调节和促增殖的效应。2000 年 6 月，美国 HGS 公司报道了 IL-20 及其受体。IL-20 主要表达于脊髓、睾丸和小肠中。将重组 IL-20 注射入小鼠的腹腔，可明显刺激中性粒细胞的移动。2000 年 11 月，Zymo Genetics 公司发现含信号肽和跨膜区的 IL-21 受体。IL-21 能促进骨髓 NK 细胞的增殖和分化，与抗 CD40 抗体协同刺激 B 淋巴细胞的增殖，与抗 CD3 抗体协同刺激 T 淋巴细胞的增殖。2000 年 10 月，Genentech 公司通过检索和测试发现 IL-22。IL-22 能活化多种细胞系的 STAT1，STAT3 和 STAT5，主要表达于活化的 T 淋巴细胞中。该公司还通过细胞转染实验发现 IL-22 受体。2000 年 11 月，DNAX 研究所发现 IL-23。这种分子能促使活化的 T 淋巴细胞增殖并产生 γ 干扰素，还可诱导记忆性 T 淋巴细胞增殖。

六、促红细胞生成素(EPO)

人 EPO 是一种高度糖基化的蛋白质类激素样物质，主要来自肾脏，极小部分来自肝，能促进红细胞的生成。在临床上，EPO 主要用于治疗各种贫血，对慢性肾衰性贫血起补充治疗作用，对于诸如类风湿引起的贫血也有较好的疗效。天然存在的 EPO 药源极为匮乏，必须从贫血患者的尿中提取，不能满足医疗需求。1985 年，国外研究者成功地从胎儿肝中克隆出 EPO 基因，这使通过基因工程手段大量生产重组 EPO 成为可能。

七、血小板生成素(thrombopoietin，TPO)

TPO 是一种作用于巨核细胞-血小板生成系统的造血细胞生长因子，能特异地刺激巨核细胞增殖、分化、成熟和产生血小板，从而增加血液循环中的血小板数量。在临床上，TPO 对血小板减少症有良好疗效，属特效药物。2003 年 8 月，重组人 TPO 由沈阳三生药业公司完成

Ⅱ、Ⅲ期临床试验,是迄今研制成功的第三个具有自主知识产权的国家一类新药。复旦大学中山医院等的临床试验结果表明,该药适用于预防和治疗肿瘤化疗引起的血小板减少及原发性血小板减少症,填补了骨髓三大血细胞系中缺乏调节巨核细胞特异性药物的空白。但该药存在免疫原性强、制备成本高的缺点,仍有待改进。

八、白血病抑制因子(LIF)

LIF 是一类高度糖基化的多肽细胞因子,能抑制胚胎干细胞的体外分化,维持其传代和多能性。20 世纪 60 年代末,曾发现一种诱导小鼠 M1 白血病细胞系分化为正常细胞的分化诱导因子。此因子能促进白血病 M1 细胞的分化,并抑制其增殖,所以被命名为白血病抑制因子(leukemia inhibitory factor,LIF)。在临床上,LIF 与子宫内着床、急性期反应等许多过程及征象密切相关,还可抑制脂蛋白脂酶的活性,促进骨吸收,使血小板增加,刺激肝细胞合成急性反应蛋白,并参与胚胎及造血系统的发育,还能促进神经肌肉的生长并维持垂体的功能。1999 年,我国研究者根据人 LIF 基因的 cDNA 序列,通过合理的引物设计、链延伸反应、PCR 反应和分子克隆等步骤,成功地合成了编码成熟 LIF 蛋白的基因片段,并将其克隆至 pUC18 载体质粒上。这一成果有助于重组 LIF 药物的开发。

九、转化生长因子(TGF)

TGF 主要由肿瘤细胞产生,是一种小肽分子,包括目前已发现的 α、β 等五种亚型。

5-9 章节作业

TGF-α 为分泌性蛋白质,在血液和尿液中均能检测到。它通过与细胞的表皮生长因子受体(EGFR)结合而实现其生理作用,以自分泌和旁分泌的形式参与调节细胞的增殖和分化。在正常组织中一般难以检测到 TGF-α,但在许多肿瘤和肿瘤细胞株里却有 TGF-α 的过量合成。因此,TGF-α 在肿瘤的诊断和预后、临床外伤的治疗等许多方面有应用价值。

5-10 研究性
学习主题

TGF-β 是一类具备激素样活性的多肽生长因子,可刺激细胞的增殖和分化,对细胞进行双向调节。在临床应用方面,美国宾夕法尼亚大学的研究者研制出抗 TGF-β 抗体,能治疗糖尿病性肾病。此病的患者均有 TGF-β 过度表达的征象,采用抗 TGF-β 的中和抗体,可明显改善肾脏的结构与功能。另外还发现,TGF-β 在肿瘤治疗中能刺激并抑制新生血管的形成。我国研究者于 2001 年研究了在鼠肠黏膜不同状态下的 TGF 表达水平,发现 TGF-β 与肿瘤密切相关。

5-11 课外拓展

 课后思考

1.简述细胞因子的概念。细胞因子有哪些特性?

2.细胞因子分为哪几类? 分别有哪些生物学活性?

第六章

抗　原

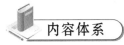
内容体系

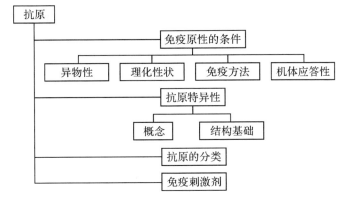

```
抗原 ┬── 免疫原性的条件
     │         ┬── 异物性 ── 理化性状 ── 免疫方法 ── 机体应答性
     ├── 抗原特异性
     │         ┬── 概念 ── 结构基础
     ├── 抗原的分类
     └── 免疫刺激剂
```

课前思考

1.哪些物质能引起机体的免疫应答?

2.水、鸡蛋清分别注射进机体,机体反应有何不同?

3.注射疫苗是通过什么途径? 能通过腹腔注射吗?

4.医院是通过哪些指标来检测是否发生肿瘤病变的?

5.疫苗中,除了特定的病原外,还需要添加什么吗?

6.有没有极低浓度就能刺激机体产生免疫应答的物质?

7.卡介苗除了预防结核病,还有其他免疫学功效吗?

本章重点

1.决定免疫原性的条件。

2.抗原特异性与抗原决定簇的关系。

3.TD抗原、TI抗原、免疫佐剂的概念。

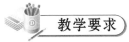
教学要求

1.掌握决定免疫原性的条件。

2.掌握抗原的特异性与抗原决定簇的关系。

3.熟悉抗原的分类。

4.了解免疫佐剂的种类、作用及应用。

6-1　微课视频：
抗原的概念

　　抗原(antigen)是指那些能够诱导机体免疫系统产生免疫应答，又能与相应抗体或致敏淋巴细胞在体内外发生特异性反应的物质。因此，抗原具有两个重要特性(图6-1)：

6-2　知识点课
件：抗原的概念

　　(1)免疫原性(immunogenicity)：即抗原能够刺激机体产生抗体或致敏淋巴细胞的能力；

　　(2)免疫反应性(immunoreactivity)或反应原性：即抗原能够与其所诱生的抗体或致敏淋巴细胞特异性结合的能力。

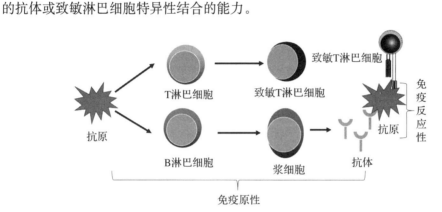

图 6-1　抗原免疫原性与免疫反应性

　　具备上述两种特性的物质为完全抗原，一般而言，具有免疫原性的物质均具免疫反应性，即均属完全抗原，如微生物、异种蛋白；仅具备免疫反应性(即抗原性)的物质被称为半抗原(hapten)，如某些多糖、类脂、药物。半抗原与载体蛋白结合成为半抗原-载体复合物(完全抗原)(图6-2)。半抗原可作为抗原决定簇研究其特异性。

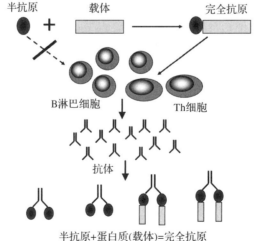

图 6-2　半抗原-载体效应示意图

第一节 决定免疫原性的条件

6-3 微课视频：决定
免疫原性的条件

免疫原性是判断一种物质是否为抗原的关键。免疫原性主要取决于物质本身的性质及其机体应答性。

一、异物性

6-4 知识点课件：决
定免疫原性的条件

异物性的程度取决于其与机体的亲缘关系：亲缘关系（即种属关系）越远，则异物性越强，即免疫原性越强。例如，鸡卵蛋白对鸭是弱抗原，对哺乳动物则是强抗原；灵长类（猴或猩猩）组织成分对人是弱抗原，而病原微生物对人则多为强抗原；临床上选择同种器官移植物时，供者与受者的亲缘关系越近（例如有血缘关系），则排斥反应的程度越轻。

1. 异种物质 如微生物及其代谢产物、异种血清蛋白、组织细胞等。

2. 同种异体物质 同种不同个体间，如血型。

3. 改变和隐蔽的自身物质 在外伤、感染、电离辐射等作用下，结构改变，成为"非己"抗原，产生应答。

二、理化性状

1. 大分子物质 天然抗原多为大分子有机物，多数蛋白质为良好的抗原，多糖及多肽也具一定的免疫原性，此与其化学性质有关。

相对分子质量大于 10000，其免疫原性好，如异种蛋白、多糖。

相对分子质量小于 10000 而大于 4000，是弱免疫原性。

相对分子质量小于 4000，一般不具有免疫原性，如小分子多肽、核酸。

大分子物质成为抗原的原因是：

（1）表面抗原决定簇多。

（2）组成复杂，结构稳定，不易被破坏和清除。在体内停留的时间长，可持续刺激。

相对分子质量并非决定免疫原性的唯一和绝对因素，免疫原性物质还须具备复杂的化学组成与特殊的化学基团。例如，简单重复的有机大分子不具免疫原性（如磺化聚苯乙烯）；明胶的相对分子质量逾 100000，但其仅由直链氨基酸组成，故免疫原性很弱；胰岛素的相对分子质量仅为 5700，但其序列中含芳香族氨基酸，故具免疫原性。

化学性质相同的抗原物质可因其物理性状不同而影响免疫原性，例如，颗粒抗原的免疫原性强于可溶性抗原，多聚体的免疫原性强于单体。

2. 化学结构 结构越复杂，其免疫原性越强。

三、免疫方法的影响

1. 剂量 抗原的剂量太低或太高都不行，纯化的抗原每次要达到 μg 或 mg 水平。

2. 免疫途径 同一物质经不同途径进入机体，其刺激免疫系统产生应答的强度各异，依次为皮内＞皮下＞肌肉＞腹腔（仅限于动物）＞静脉。一般而言，抗原物质从非经口途径进入机体可显示较强的免疫原性。经口服给予的蛋白质类抗原物质（如鸡蛋、牛奶等），可在消化道内被降解为氨基酸,从而丧失其免疫原性。

四、机体应答性

1.同种但不同品系的动物,其对同一抗原产生应答的强度或性质各异,例如,纯化多糖在人、鼠是强抗原,在豚鼠是弱抗原。

2.同一品系有个体差异,例如,疫苗对有的人有保护力,但有的人有弱保护力。

第二节　抗原特异性

6-5　微课视频:
抗原的特异性

一、抗原特异性的概念

抗原特异性指抗原诱导机体产生应答及与应答产物发生反应所显示的专一性。特定抗原只能刺激机体产生特异性抗体或致敏淋巴细胞,且仅能与该特异性抗体或淋巴细胞结合并相互作用。例如,接种破伤风类毒素仅能诱导机体产生针对该毒素的抗体,且这种抗体仅与破伤风毒素结合,而不与白喉毒素结合;接种乙肝疫苗仅能预防乙肝,而不能预防痢疾。

6-6　知识点课
件:抗原的特异性

二、决定抗原特异性的分子结构基础

1.抗原决定簇　决定抗原特异性的基本结构或化学基团称为表位(epitope),亦称为抗原决定簇(antigen determinant,AD)(图 6-3)。通常 5～15 个氨基酸残基、5～7个多糖残基或核苷酸即可构成一个表位。表位结构的性质与位置可影响抗原的特异性。

抗原的特异性决定于抗原决定簇的性质、氨基酸或碳水化合物的种类、序列及空间立体构型。

2.抗原价　抗原分子表面能够与抗体结合的表位数量称为抗原价(图 6-4),完全抗原一般均为多价抗原,如牛血清

抗原决定簇

图 6-3　抗原决定簇示意图

白蛋白有 18 个 AD。有的只有一个 AD,即单价抗原(半抗原),如肺炎球菌荚膜多糖水解产物。

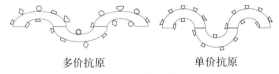

多价抗原　　　　　单价抗原

图 6-4　抗原价

3.功能决定簇和隐蔽决定簇

功能决定簇:暴露在抗原分子表面,对启动免疫应答有决定意义。

隐蔽决定簇:在抗原的内部,无法触发免疫应答,只有经理化处理暴露后才起作用。

4.表位结构的性质与位置可影响抗原的特异性

抗原决定簇的性质对抗原特异性的影响:苯胺、对氨基苯甲酸、对氨基苯磺酸和对氨基苯砷酸 4 种半抗原分子间仅存在一个基团的差异,分别与载体结合后(成为完全抗原)可诱导机

体产生相应抗体，后者仅能与对应的半抗原结合(图 6-5)。

抗半抗原-载体免疫血清	半抗原：苯胺	对氨基苯甲酸	对氨基苯磺酸	对氨基苯砷酸
载体-苯胺	+++	-	-	-
载体-对氨基苯甲酸	-	++++	-	-
载体-对氨基苯磺酸	-	-	++++	-
载体-对氨基苯砷酸	-	-	-	++++

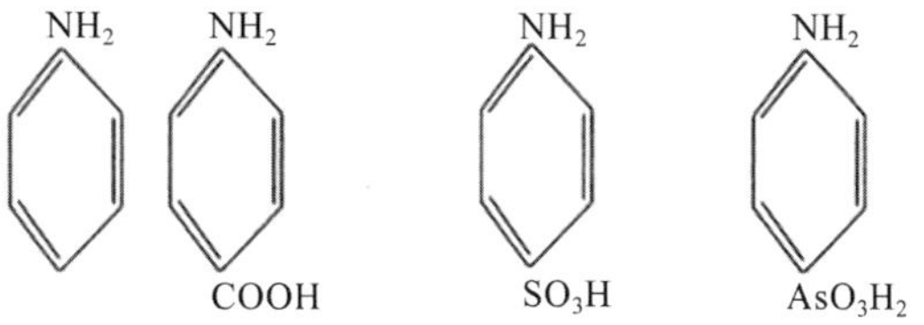

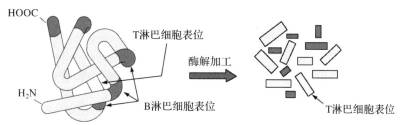

图 6-5　抗原决定簇的性质决定抗原特异性

此外，多糖残基乃至单糖的微细差别也可导致抗原性的不同。例如，A 型血和 B 型血红细胞表面抗原的区别仅在于前者是 *N*-乙酰氨基半乳糖，而后者为 L-岩藻糖。

5. 顺序决定簇和构象决定簇

依表位的结构特点可将表位分为以下两类：

(1)顺序表位(即连续性表位)：主要由一段序列相连的氨基酸片段形成，多在抗原分子内。

(2)构象性表位(即非连续性表位)：短肽、多糖残基或核苷酸并非简单的线性排列，而是形成特定的空间构象。

T 淋巴细胞仅识别由抗原递呈细胞加工递呈的顺序表位，而 B 淋巴细胞可识别线性或构象性表位(图 6-6)。

图 6-6　抗原的表位示意图

6. 交叉反应和共有决定簇

免疫系统可识别不同表位间的细微区别，从而显示免疫应答的特异性。但在实践中已发现，某些特定抗原不仅可与其诱导产生的抗体/致敏淋巴细胞结合或相互作用，还可与其他抗原诱生的抗体/致敏淋巴细胞发生反应，称为交叉反应(cross reaction)(图 6-7)。交叉抗原的存在和交叉反应现象的发生并非否定抗原的特异性，而是由于复杂抗原具有多个抗原决定簇，不同抗原之间存在相同或相似的抗原决定簇。例如，流产布氏杆菌与肠耶尔森菌有交叉反应。

不同种属(如人、动物和微生物)间可存在共有决定簇，其生物学意义在于：

(1)某些情况下，针对病原微生物的免疫应答可导致对人体的免疫损伤。

(2)在进行特异性诊断或鉴定时，须排除交叉抗原可能产生的干扰。

(3)应用交叉抗原可能诱导出针对难于制备的抗原的免疫应答，例如近年报道，斑疹伤寒立克次体可诱导机体产生针对 HIV 的免疫应答。

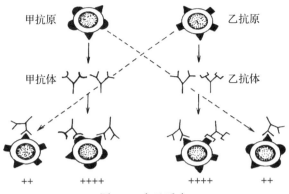

图 6-7 交叉反应

第三节 抗原的分类及其医学意义

一、依据抗原诱生抗体时对 T 淋巴细胞的依赖性分类

依据抗原诱生抗体时对 T 淋巴细胞的依赖性,将抗原分为非胸腺依赖性抗原和胸腺依赖性抗原(图 6-8)。

1. 非胸腺依赖性抗原(thymus independent antigen,TI Ag) 简称 TI 抗原。TI 抗原亦称 T 淋巴细胞非依赖性抗原,其刺激机体产生抗体无须 T 淋巴细胞辅助。TI 抗原可分为两类:①TI-1 抗原,具多克隆 B 淋巴细胞激活作用,如细菌脂多糖(LPS)即为典型的 TI-1 抗原,成熟或未成熟 B 淋巴细胞均可对其产生应答;②TI-2 抗原,表面含多个重复表位,如肺炎荚膜多糖、聚合鞭毛素等,它们只能刺激成熟 B 淋巴细胞。

6-7 微课视频: 抗原的分类

6-8 知识点课件:抗原的分类

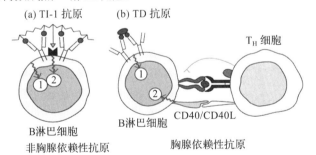

图 6-8 TI 抗原与 TD 抗原结构示意图

2. 胸腺依赖性抗原(thymus dependent antigen,TD Ag) 简称 TD 抗原。TD 抗原亦称 T 淋巴细胞依赖抗原,其刺激机体产生抗体须依赖于 T 淋巴细胞的辅助。绝大多数蛋白质抗原及细胞抗原属 TD 抗原。先天性胸腺缺陷和后天性 T 淋巴细胞功能缺陷的个体,TD 抗原诱导其产生抗体的能力明显低下。

二、根据抗原与机体的亲缘关系分类

1. 异种抗原(xenogenic antigen) 指来自不同种属的抗原。对人类而言,病原微生物及其产物、植物蛋白、用于治疗目的的动物抗血清及异种器官移植物等均为重要的异种抗原。

2.同种异型抗原(allogenic antigen) 亦称同种抗原(或人类的同种异体抗原),指同一种属不同个体所具有的特异性抗原。重要的人类同种异型抗原包括:①红细胞血型抗原,包括ABO、Rh等40余个抗原系统,其对安全输血极为重要;②人类主要组织相容性抗原,即人白细胞抗原(HLA),是具有高度多态性的抗原系统。另外,同一种属不同个体的同类免疫球蛋白也存在抗原性的差异,即免疫球蛋白的同种异型(allotype)。

3.自身抗原(autoantigen) 在正常情况下,机体免疫系统不对自身正常组织或细胞产生免疫应答,即处于自身耐受状态。在某些病理情况下(如隐蔽抗原或隔离抗原释放;自身抗原发生改变或被修饰等),自身抗原成分可诱导机体产生自身免疫应答。

4.异嗜性抗原(heterophilic antigen) 是一类与种属无关,存在于人、动物及微生物之间的共同抗原,又称Forssman抗原。例如,A族溶血性链球菌表面成分与人肾小球基底膜及心肌自身组织具有共同抗原,故溶血性链球菌感染后,其刺激机体产生的抗体可能与具有共同抗原的心、肾组织发生交叉反应,导致肾小球肾炎或心肌炎。

三、根据 TD 抗原是否由抗原递呈细胞合成进行分类

1.外源性抗原(exogenous antigen) 来源于抗原递呈细胞之外、不由其合成的抗原称为外源性抗原,如被抗原递呈细胞吞噬的细胞或细菌等。此类抗原由抗原递呈细胞摄取、加工为抗原肽,进而与 MHC-Ⅱ类分子结合为复合物,由 CD_4^+ T 淋巴细胞的 TCR 识别。

2.内源性抗原(endogenous antigen) 由抗原递呈细胞在其胞内合成的抗原称为内源性抗原(如病毒感染细胞合成的病毒蛋白、肿瘤细胞内合成的肿瘤抗原等)。此类抗原被加工为抗原肽并与 MHC-Ⅰ类分子结合成复合物,由 CD_8^+ T 淋巴细胞的 TCR 识别(图 6-9)。

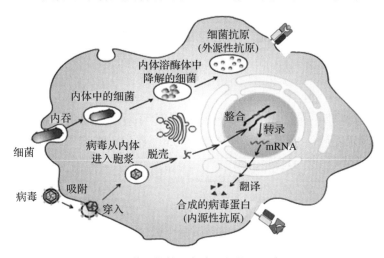

图 6-9 外源性抗原与内源性抗原示意图

四、根据来源不同分类

(一)细菌的抗原
1.表面抗原 细胞壁外的抗原物质,如 K 抗原(大肠杆菌)、Vi 抗原(伤寒杆菌)。
2.菌体抗原 细胞壁中的抗原物质:O 抗原。

3.鞭毛抗原　鞭毛中的抗原物质：H 抗原(图 6-10)。

4.菌毛抗原

5.类毒素　经 0.3%～0.4%甲醛处理过的失去毒性保留免疫原性的外毒素,如白喉类毒素、破伤风类毒素等。

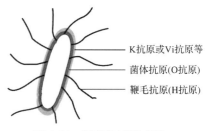

图 6-10　细菌抗原模式图

(二)肿瘤抗原

肿瘤抗原是指细胞癌变过程中出现的新抗原及过度表达的抗原物质的总称。

1.肿瘤特异性抗原(tumor specific antigen,TSA)　肿瘤细胞特有的或只存在于某种肿瘤细胞而不存在于正常细胞的新抗原。例如,前列腺特异性抗原(PSA):正常情况下小于4.0μg/L。

2.肿瘤相关抗原(tumor associated antigen,TAA)　非肿瘤细胞所特有的、正常细胞和组织也存在的抗原,只是其含量在细胞癌变时明显增加。例如,甲胎蛋白(AFP):正常成人血清中的 AFP 小于 20μg/L;肝癌患者的 AFP 大于 500μg/L;癌胚抗原(CEA):正常血清中的 CEA 小于 2～5μg/L。

五、其他分类方法

根据抗原的理化性质,可分为颗粒抗原(细菌性、细胞性等)、可溶性抗原(牛血清白蛋白、菌脂多糖等)、蛋白抗原、多糖抗原及多肽抗原等。

第四节　非特异性免疫刺激剂

6-9　微课视频:
免疫刺激剂

除了抗原可以诱导特异性免疫应答,还存在非特异性激活 B 淋巴细胞、T 淋巴细胞的物质。

一、免疫佐剂

6-10 知识点课件:
免疫刺激剂

有一类物质与抗原一起或先于抗原注入机体后可增强抗原的免疫原性,此类物质被称为佐剂(adjuvant)。本质上,佐剂可视为一种非特异性免疫增强剂,可增强体液免疫与细胞免疫应答。

(一)佐剂的种类

1.化合物　包括氢氧化铝、明矾、矿物油及吐温 80、弗氏不完全佐剂(羊毛脂与石蜡油的混合物),以及人工合成的多聚肌苷酸:胞苷酸(polyI:C)、脂质体等。

2.生物制剂

(1)经处理或改造的细菌及其代谢产物,如卡介苗、短小棒状杆菌、百日咳杆菌,以及霍乱毒素 B 亚单位(CTB)、革兰阴性菌细胞壁成分脂多糖(LPS)和类脂 A、源于分支杆菌的胞壁酰二肽等。

(2)细胞因子及热休克蛋白等。

迄今能安全用于人体的佐剂仅限于氢氧化铝、明矾、PolyI:C、胞壁酰二肽、细胞因子及热休克蛋白等。最常用于动物实验的佐剂是弗氏完全佐剂(弗氏不完全佐剂加卡介苗)和弗氏不完全佐剂。

(二)佐剂的作用机制

1.改变抗原的物理性状,延缓抗原降解和排除,从而更有效地刺激免疫系统。

2.刺激单核-巨噬细胞系统,增强其处理和递呈抗原的能力。

3.刺激淋巴细胞增殖与分化。

(三)佐剂的应用

1.增强特异性免疫应答,用于预防接种及制备动物抗血清。

2.作为非特异性免疫增强剂,用于抗肿瘤与抗感染的辅助治疗。

二、超抗原

超抗原由 White 于 1989 年提出,是一类由细菌外毒素和逆转录病毒蛋白构成的抗原性物质,只需极低浓度(1~10μg/L)即能激活 T 淋巴细胞产生很强的免疫应答。迄今已发现的超抗原包括金黄色葡萄球菌肠毒素 A~E(SEA~E)、表皮剥脱毒素(EXT)、关节炎支原体丝裂原(MAM)、小肠结肠耶氏菌膜蛋白及小鼠逆转录病毒的蛋白产物等。

1.超抗原的作用特点 如图 6-11 所示。

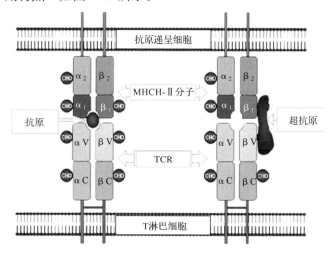

图 6-11 超抗原作用示意图

(1)无须抗原加工与递呈,可直接与 MHC-Ⅱ类分子结合。

(2)形成 TCR Vβ-超抗原-MHC-Ⅱ类分子复合物,而非普通抗原的 TCR-抗原肽-MHC-Ⅱ类分子复合物。

(3)尽管超抗原发挥作用有赖于与 MHC 分子的结合,但其作用无 MHC 限制性。

(4)所诱导的 T 淋巴细胞应答,其效应并非针对超抗原自身,而是通过分泌大量细胞因子而参与某些病理生理过程的发生与发展。

依据上述作用特点,超抗原也被视为一类多克隆激活剂。此外,近年还发现了作用于 B 淋巴细胞的超抗原。

2.超抗原的生物学意义

(1)毒性作用及诱导炎症反应:由于超抗原多为病原微生物的代谢产物,可大量激活 T 淋巴细胞并诱导炎性细胞与促炎细胞因子产生,从而引起休克等严重反应(如食物中毒时金葡菌肠毒素所致休克等严重临床表现)。

(2)自身免疫病:超抗原可通过激活体内残存的自身反应性 T 淋巴细胞而导致自身免疫病。

(3)免疫抑制:受超抗原刺激而过度增殖的大量 T 淋巴细胞,可被清除或功能上出现超限抑制,从而导致微生物感染后的免疫抑制。

3.超抗原与普通抗原的比较　归纳于表 6-1。

表 6-1　超抗原与普通抗原的比较

特点	普通抗原	超抗原
物质属性	蛋白质、多糖	细菌外毒素、逆转录病毒蛋白
应答特点	由 APC 处理后被 T 淋巴细胞识别	直接刺激 T 淋巴细胞
反应细胞	T 淋巴细胞、B 淋巴细胞	CD_4^+ T 淋巴细胞
T 淋巴细胞反应频率	$1/10^6 \sim 1/10^4$	$1/20 \sim 1/5$
与 MHC 分子结合部分	多态区肽结合槽	非多态区
MHC 限制性	+	—

三、丝裂原

丝裂原(mitogen)亦称有丝分裂原,可致细胞发生有丝分裂,进而增殖。在体外实验中,特定丝裂原可使静止的淋巴细胞体积增大、胞浆增多、DNA 合成增加,出现淋巴母细胞化,即淋巴细胞转化(lymphocyte transformation)和有丝分裂。

6-11　知识点测验题

如前所述,一种特定的抗原仅特异性激活表达相应抗原受体的淋巴细胞,而丝裂原可激活某一类淋巴细胞的全部克隆,故可将丝裂原视为非特异性多克隆激活剂。T、B 淋巴细胞表面表达多种丝裂原受体,故均可对丝裂原刺激产生增殖反应,这一性质已被用于在体外检测淋巴细胞的应答能力(如淋巴细胞转化试验),并以此评价机体的免疫功能。表 6-2 列出作用于人和小鼠 T、B 淋巴细胞的重要丝裂原。

6-12　章节作业

6-13　研究性主题

表 6-2　作用于人和小鼠 T、B 淋巴细胞的重要丝裂原

丝裂原	对 T、B 淋巴细胞的促增殖作用			
	人 T 淋巴细胞	人 B 淋巴细胞	小鼠 T 淋巴细胞	小鼠 B 淋巴细胞
刀豆蛋白 A	+	—	+	—
植物血凝素	+	—	+	—
脂多糖	—	—	—	+
葡萄球菌 A 蛋白	—	+	—	—

6-14　课外拓展

 课后思考

1.什么是抗原?其特性是什么?

2.决定免疫原性的因素有哪些?

3.抗原的特异性与抗原决定簇有何关系?

4.名词解释:(1)异嗜性抗原;(2)TD-Ag;(3)TI-Ag;(4)超抗原;(5)免疫佐剂。

第七章

主要组织相容性抗原

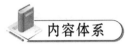 **内容体系**

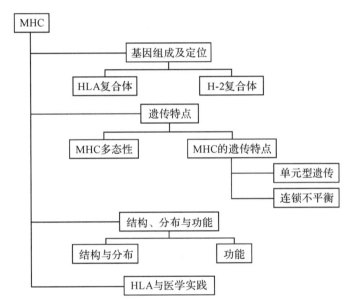

课前思考

1. 你认为免疫细胞表面是否存在许多的标记?
2. 器官移植时常要考虑配型,你知道为什么吗?
3. 你知道决定配型成功的因素是什么吗?
4. 编码免疫细胞膜分子的基因分别定位于哪儿?
5. 参与抗原递呈的基因编码产物有哪些?
6. 血清中的补体等也是基因编码产物吗?

本章重点

1. MHC 概念,MHC-Ⅰ类和Ⅱ类分子的结构、分布。
2. MHC 的生物学功能。

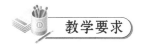

教学要求

1. 掌握 MHC/HLA 的概念、MHC-Ⅰ、MHC-Ⅱ类分子的分布及其生物学功能。
2. 熟悉 MHC 分子抗原递呈作用的分子机制。

主要组织相容性复合体(major histocompatibility complex,MHC)即编码主要组织相容性抗原的一组紧密连锁的基因群,定位于动物与人某对染色体的特定区域,呈高度多态性。MHC 的编码产物即 MHC 分子或 MHC 抗原,其表达于不同细胞表面,主要功能是参与抗原递呈、制约细胞间相互识别及诱导免疫应答。

7-1　微课视频:
MHC 概述

在人或同种不同品系动物个体间进行组织移植时,可因两者组织细胞表面同种异型抗原存在差异而发生排斥反应。这种抗原称组织相容性抗原或移植抗原。其中,可诱导迅速而强烈排斥反应者被称为主要组织相容性抗原,其编码基因即主要组织相容性(基因)复合体(MHC);可诱导较弱排斥反应的被称为次要组织相容性抗原,其编码基因为次要组织相容性

7-2　知识点课件:
MHC 概述

(基因)复合体(minor histocompatibility complex,mHC)。已证实,MHC 的生物学意义远超出移植免疫范畴,其编码产物是参与免疫应答的关键成分,但 MHC 的命名则沿用至今。

Gorer 于 1936 年发现了小鼠的 MHC,即 H-2,继之 Dausset 于 50 年代末确定了人类 MHC,即 HLA(human leukocyte antigen)(图 7-1)。近年来,转基因动物、异种移植、克隆动物/器官等领域的飞速发展进一步促进了对多种哺乳动物 MHC 的研究。不同种类哺乳动物 MHC 及其编码产物的名称各异,但其基因结构、产物及功能均有相似之处。习惯上,MHC(或 HLA 复合体)一般指基因,MHC 分子/抗原(或 HLA 分子/抗原)则指编码产物,有不同的命名(表 7-1)。

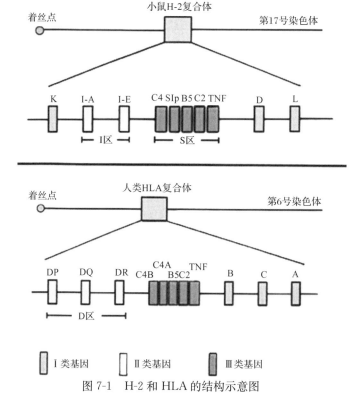

图 7-1　H-2 和 HLA 的结构示意图

表 7-1　不同动物的 MHC 名称

种属	人	小鼠	大鼠	黑猩猩	鸡
名称	HLA	H-2	H-1	ChLA	B

小鼠的 MHC：H-2 复合体位于第 17 号染色体上。

人类的 MHC：HLA 复合体位于第 6 号染色体上。

第一节　MHC 的基因组成及定位

MHC 的特点之一为多基因性，也就是说，复合体的基因数量和结构具有多样性。众多 MHC 依其编码分子的特性而分为 MHC- Ⅰ 类、Ⅱ 类及Ⅲ类基因。

7-3　微课视频：MHC 的基因组成及定位

一、人类 HLA 复合体

人类 MHC 亦称 HLA 复合体，位于第 6 号染色体短臂。HLA 复合体的特点之一是其多基因性，目前已鉴定出 100 余个基因座位。诸多 HLA 基因座位按其定位和特点，可分为 3 类（图 7-2）。

7-4　知识点课件：MHC 的基因组成及定位

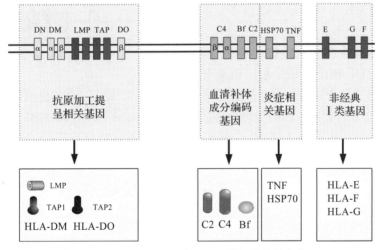

图 7-2　免疫功能相关基因及其相关编码产物

1. HLA- Ⅰ 类基因　经典的 HLA- Ⅰ 类基因包括 HLA-B、-C、-A，它们具有多态性，组织分布广泛，主要生物学功能是参与递呈内源性抗原。

非经典 HLA- Ⅰ 类基因包括 HLA-E、HLA-G 及 HLA-F 基因。这些基因多态性有限，选择性表达于机体某些组织，其生物学功能尚未完全阐明。

2. HLA- Ⅱ 类基因　经典的 HLA- Ⅱ 类基因包括 HLA-DP、-DQ、-DR，它们也具有高度多态性，主要生物学功能是递呈外源性抗原。

非经典 HLA- Ⅱ 类基因包括低分子量多肽（low molecular-weight polypeptide，LMP）基因、抗原加工相关转运体（transporter associated with antigen processing，TAP）基因、TAP 相关蛋白（TAP-associated protein）基因（编码产物亦称为 tapasin）、HLA-DM 基因及 HLA-DO 基因等，这些基因编码产物的主要功能是参与抗原加工和转运。

低分子量多肽（LMP）基因包括 LMP2、LMP7 座位,蛋白酶体相关基因(proteasome-related gene)编码蛋白酶体相关成分,参与内源性抗原的酶解。

抗原加工相关转运体（TAP）基因包括 TAP1、TAP2 座位,编码产物抗原蛋白转运体(transporter of antigenic peptides,TAP)位于内质网膜上,参与对内源性抗原的转运,使其进入内质网腔。

HLA-DM 基因包括 DMA、DMB 座位,产物参与 APC 对外源性抗原的加工递呈,帮助溶酶体中的抗原片段进入 MHC-Ⅱ类分子的抗原结合槽。

HLA-DO 基因包括 DOA、DOB 座位,编码的 DO 分子是 DM 功能的负向调节蛋白。

3. HLA-Ⅲ类基因　位于Ⅰ类与Ⅱ类基因之间,包括编码补体 C4b、C4a、C2 和 Bf 的基因,以及编码炎症相关分子、TNF、I-κB(转录调节分子)、热休克蛋白 70(heat shock protein 70,HSP70)等产物的基因。

二、小鼠 H-2 复合体

小鼠 H-2 复合体与人类 HLA 复合体在基因结构、编码产物分布及功能等方面均有诸多对应与相似之处,故小鼠成为研究人类 MHC 的最佳模型和有效工具(图 7-3)。迄今对 MHC 的认识主要得益于对小鼠 H-2 复合体的研究。

小鼠 H-2 复合体定位于第 17 号染色体,依次为 K、I、S、D/L 四个区域。根据编码分

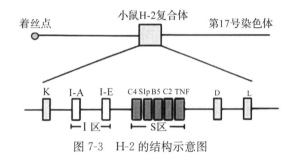

图 7-3　H-2 的结构示意图

子的特征可将 H-2 复合体分为 3 类基因:Ⅰ类基因包括 K、D、L 三个座位或区域;Ⅱ类基因又称为Ⅰ区基因,位于 H-2 复合体的免疫应答区(immune response region),由 I-A 和 I-E 亚区组成,参与免疫应答的遗传控制及调节;Ⅲ类基因编码血清补体成分及 TNF 等。

第二节　MHC 的遗传特点

一、MHC 多态性

对同一个体而言,染色体上任一基因座位只能有两个等位基因,分别来自父、母的同源染色体。但在随机婚配的群体中,同一基因座位可能存在两个以上等位基因,此现象被称为多态性(polymorphism)。需强调的是,多态性乃群体的概念,指群体中不同个体同一基因座位上的基因存在差别。MHC 是哺乳动物体内具有最复杂多态性的基因系统。

(一)MHC 多态性的产生机制

多态性的产生机制主要是 MHC 基因座存在复等位基因及其共显性表达。

1. 复等位基因(multiple allele)　在群体中,位于同一基因座的不同基因系列即为复等位基因。MHC 复合体的多数基因座均有复等位基因,此乃形成 MHC 基因多态性最根本的原因。目前,HLA 复合体中已发现的复等位基因达 1556 个,抗原特异性数为 164 个。

2. 共显性(co-dominant)表达　共显性即两条染色体同一基因座每一等位基因均为显性

基因,均能编码特异性抗原。共显性表达极大地增加了 MHC 抗原系统的复杂性,此乃 MHC 表型多态性的重要机制。

MHC 基因和编码分子的命名原则:星号(*)前为基因座,星号后为等位基因。根据等位基因的结构,通常再分成若干主型。例如,MHC-A * 0103 代表 MHC-Ⅰ类基因 A 座位第 1 主型的 3 号基因。该命名系统为有待发现的基因座和等位基因空出了位置。

MHC 编码产物亦称为 MHC 分子或抗原。目前已鉴定出的 MHC 分子种类数少于等位基因的数目。Dw 代表激发同种异体淋巴细胞增殖的淋巴细胞激活决定簇(LAD),是 DR、DQ 等Ⅱ类基因表达产物发挥效应的总和,但不存在单独的 Dw 基因座。

(二)MHC 多态性的意义

1.赋予种群适应多变的环境条件　　MHC 多态性使种群具有极大的基因储备,造就了对特定抗原(病原体)应答能力(易感性)各异的个体,保证在群体水平能应付多变的环境条件及各种病原体的侵袭,从而有利于种群的生存和延续。

2.实现对机体免疫应答的遗传控制　　MHC 多态性使其编码产物分子结构(主要是抗原结合槽)各异,从而决定其与特定抗原肽结合的选择性及亲和力。由此,个体的遗传背景决定了其对特定抗原是否产生应答,以及应答水平的强弱。

3.使 MHC 成为个体的终身遗传标志　　由于 MHC 的高度多态性,无亲缘关系的个体间出现 MHC 型别全相同者的概率极低,故 MHC 型别可视为个体的终身遗传标志。这一特征被用于疾病研究和法医学的个体识别。

4.增加了寻找合适同种器官移植供者的难度　　由于 MHC 基因型和表型均具有极为复杂的多态性,故在无血缘关系的人群中一般难以找到 MHC 型别完全相同的个体,从而极大地增加了临床上寻找合适器官移植供者的难度,尤其成为开展造血干细胞移植的障碍。为此,目前国内外均已着手建立造血干细胞捐赠者资料库,以有助于筛选出 MHC 全相同的无关供者。

二、MHC 的遗传特点

(一)单元型遗传

连锁在一条染色体上的若干基因座,其等位基因的组合构成单元型(haplotype)。单元型是将 MHC 遗传信息传给子代的基本单位,在遗传过程中一般不发生同源染色体互换。人类细胞含两个同源单元型,组成两个单元型的全部等位基因构成 MHC 基因型(genotype),其编码产物为 MHC 表型(phenotype)。

粗略估算,人群中的单元型数目超过 5×10^8,而由两个单元型所决定的表型更是不计其数。人类细胞内的两个同源染色体分别来自父母,故比较两个同胞间单元型型别,存在三种可能性:两个单倍体型均相同,其概率为 25%;两个单元型均不同,其概率亦为 25%;有一个单元型相同,其概率为 50%。上述遗传规律在器官移植供者的选择及法医亲子鉴定中得到应用。

(二)连锁不平衡

MHC 等位基因的频率,指群体中携带某一等位基因的个体数目与携带该基因座各等位基因个体数目总和的比例。由于 MHC 复合体的各座位紧密连锁,若各座位的等位基因均随机组合构成单元型,则某一单元型的频率应等于组成该单元型各等位基因频率的乘积。但实际上,MHC 各等位基因并非完全随机组成单元型。已发现,某些等位基因比其他等位基因更多或更少地连锁在一起,即出现连锁不平衡(linkage disequilibrium)。例如,北欧白种人

HLA-A1 和 HLA-B8 的出现频率分别为 0.17 和 0.11,若随机组合,其单元型 A1-B8 连锁的预期频率应为 0.17×0.11=0.019,而实测值为 0.088,两者的差值(0.088-0.019=0.069)即为连锁不平衡参数。由于连锁不平衡,使得人群中实际存在的单元型数目少于理论值,且某些单元型在群体中可呈现较高频率(图 7-4)。

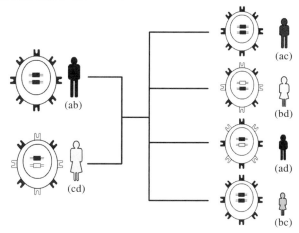

图 7-4　HLA 的单元型遗传

第三节　MHC 分子结构、分布与功能

一、MHC 分子的结构与分布

(一)MHC-Ⅰ类分子的结构与分布

MHC-Ⅰ类分子属糖蛋白,由一条重链(跨膜成分,相对分子质量为 44000,367 个 aa)和一条轻链(非跨膜成分,相对分子质量为 12000,99 个 aa)以非共价键连接而成,其结构如 7-5 所示。具多态性的重链也称为 α 链,包括 α1、α2 与 α3 结构域,其中 α1、α2 结构域共同构成抗原(肽)结合槽;轻链即 β2 微球蛋白(β2 microglobulin,β2m),乃由位于第 15 号染色体的非 MHC 基因所编码,与重链的 α3 同属免疫球蛋白超家族。β2m 无多态性,其以非共价键与 α 链胞外段相互作用,有助于维持Ⅰ类分子天然构型的稳定性。

7-5　微课视频:MHC 分子结构

7-6　知识点课件:MHC 分子结构

Ⅰ类分子分四个区:

(1)肽结合区:位于 N 端,有 α1、α2 两个功能区。含有与 Ag 结合的部位,是同种异型 Ag 决定簇存在的部位。

(2)Ig 样区:重链 α3、β2 的微球蛋白,α3 有 90 个 aa 与 CD8 结合,起黏附作用。

(3)跨膜区:25 个氨基酸形成 α 螺旋,使Ⅰ类分子固定在细胞膜上。

(4)胞浆区:30 个氨基酸,含较多苏氨酸、酪氨酸、丝氨酸,发生磷酸化。

借助 X-光衍射技术分析Ⅰ类分子空间结构,发现其重链胞外段存在一底部由 8 条反向平行 β 片层、边缘由 2 个 α 螺旋构成的抗原结合槽,可容纳含 8~10 个氨基酸残基(或稍长)的多肽片段。抗原结合槽中关键位点的氨基酸残基不同,导致抗原结合槽精细结构、电荷分布各异,从而形成 MHC 的多态性,以及Ⅰ类分子与抗原肽结合的相对专一选择性和亲和力。

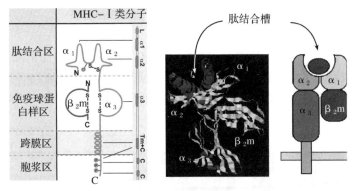

图 7-5　MHC-Ⅰ类分子结构示意图

MHC-Ⅰ类分子主要分布于机体所有有核细胞表面(包括血小板和网织红细胞),以淋巴细胞表面Ⅰ类分子的密度最大,其次为肾、肝及心脏,密度最低的为肌肉和神经组织。此外,血清、初乳及尿液中还存在可溶性的Ⅰ类分子。

(二)MHC-Ⅱ类分子的结构与分布

MHC-Ⅱ类分子属糖蛋白,乃由 α(相对分子质量为 32000～34000)和 β(相对分子质量为 29000～32000)两条肽链以非共价键连接而成(图 7-6)。如同Ⅰ类分子,Ⅱ类分子也属免疫球蛋白超家族,但其两条链均为跨膜成分。Ⅱ类分子的抗原结合槽为开端结构,故可结合较长(约 13～17 个氨基酸残基)肽段。MHC-Ⅱ类分子分为四个区。

(1)肽结合区(α_1,β_1):两条螺旋末端开放,可结合 14～18 个氨基酸,最长可达 30 个氨基酸。

(2)Ig 样区(α_2,β_2):与 CD4 结合。

(3)跨膜区:25 个疏水性氨基酸。

(4)胞浆区:10～15 个氨基酸。

MHC-Ⅱ类分子仅表达于专职抗原递呈细胞(B 淋巴细胞、巨噬细胞、树突状细胞、朗格汉斯细胞)以及活化的 T 淋巴细胞和胸腺上皮细胞等表面。

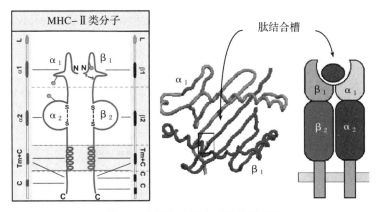

图 7-6　MHC-Ⅱ类分子结构示意图

二、MHC 分子的功能

(一)参与加工与递呈抗原

MHC-Ⅰ类分子和Ⅱ类分子分别参与对内源性和外源性抗原的加工和递呈(图 7-7)。内源性或外源性抗原被加工成为肽段,嵌入 MHC-Ⅰ(或Ⅱ)类分子抗原结合槽中,形成抗原肽-MHC-Ⅰ(或Ⅱ)类分子复合物,进而表达于抗原递呈细胞表面供 CD8$^+$T 或 CD4$^+$T 细胞的 TCR 识别。

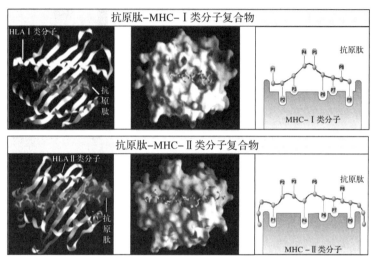

图 7-7   抗原肽与 MHC-Ⅰ、Ⅱ类分子结合示意图

在抗原肽-MHC 分子复合物中,抗原肽的两个或两个以上专司与 MHC 分子结合的氨基酸残基称为锚着残基(anchor residue),MHC 分子抗原结合槽与抗原肽锚着残基相对应的氨基酸残基称为锚着位(pocket)。

(二)参与 T 细胞限制性识别

TCR 在识别抗原肽的同时,还须识别与抗原肽结合的同基因型 MHC 分子,此即 MHC 限制性(MHC restriction)(图 7-8)。CD8$^+$T 细胞在识别抗原肽的同时,须识别 MHC-Ⅰ类分子,此为 MHC-Ⅰ类限制性;CD4$^+$T 细胞在识别抗原肽的同时,须识别 MHC-Ⅱ类分子,此即 MHC-Ⅱ类限制性。

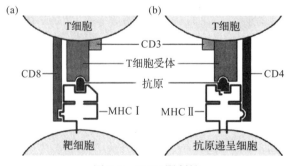

图 7-8   MHC 限制性

(三)参与 T 细胞在胸腺的发育

T 细胞在胸腺中的发育涉及复杂的选择过程,无论是阳性选择还是阴性选择,均有赖于

MHC-Ⅰ类和Ⅱ类分子参与。

(四)诱导同种移植排斥反应

同种异型 MHC 分子是介导移植排斥反应的关键分子,供、受者间 MHC 不匹配可导致移植排斥反应。

第四节　HLA 与医学实践

一、HLA 与同种器官移植

7-7　微课视频:
MHC 与医学

同种异体间器官移植(尤其是造血干细胞移植)的成败在很大程度上取决于供、受者间 HLA 型别的差异,即组织相容程度。因此,移植术前进行 HLA 配型成为寻找合适供者的主要依据。另外,建立造血干细胞捐赠者资料库(或脐带血库)并在需要时从中筛选供者,有赖于 HLA 分型。

7-8　知识点课件:
MHC 与医学

二、HLA 与疾病关联

迄今已发现 50 余种人类疾病(多为免疫相关性疾病)与 HLA 关联(association),即携带某型 HLA 的个体比不携带此型别的个体易患(或不易患)特定疾病(表 7-2)。典型的例子是:约 90% 的强直性脊柱炎患者携带 HLA-B27,而正常人群则仅为 9%。

HLA 与疾病相关的程度可用相对危险性(relative risk,RR)表示,RR 数值越大,与疾病的相关性越强(RR>3 表示有较强相关性)。

同一基因座上 HLA 等位基因的差别可导致个体对某些疾病具有易感性或抗性。与 HLA 关联的疾病多为自身免疫病,提示 HLA 等位基因的差别可导致免疫应答类型与效应的不同。HLA 与疾病关联的机制目前尚未完全阐明,多数证据提示此与 HLA 分子递呈致病性抗原肽或影响 T 细胞识别有关。

表 7-2　与 HLA 呈现强相关的一些自身免疫病

疾病	HLA 抗原	相对危险性(%)
强直性脊柱炎	B27	59.8
急性前葡萄膜炎	B27	10.0
肾小球性肾炎咯血综合征	DR2	15.9
多发性硬化症	DR2	4.8
乳糜泻	DR3	10.8
甲状腺功能亢进	DR3	3.7
重症肌无力	DR3	2.5
系统性红斑狼疮	DR3	5.8
胰岛素依赖性糖尿病	DR3/DR4	25.0
类风湿关节炎	DR4	4.2
寻常天疱疮	DR4	14.4
淋巴瘤性甲状腺肿	DR5	3.2

三、HLA 分子表达异常与疾病的发生

1. HLA-Ⅰ类分子表达降低与恶性肿瘤　肿瘤细胞所表达的 HLA-Ⅰ类分子在 CD8$^+$

CTL应答中具有重要作用。目前已发现,许多恶性肿瘤细胞其 HLA-Ⅰ类分子表达减弱或缺失,导致 CD8$^+$ T 细胞的 MHC 限制性识别发生障碍,使肿瘤逃避免疫监视。实验研究证明,增强肿瘤细胞 HLA-Ⅰ类分子表达,可促进 CTL 杀瘤效应,从而有效遏制肿瘤生长和转移。

近年还发现,某些病毒(如 HIV)感染的宿主细胞,其 HLA-Ⅰ类分子的表达也降低,这可能是病毒逃避机体免疫攻击的机制之一。

2. HLA-Ⅱ类分子异常表达与自身免疫病 HLA-Ⅱ分子主要表达于抗原递呈细胞表面。已发现,某些自身免疫病靶器官的组织细胞可异常表达 HLA-Ⅱ类分子,从而有可能将自身抗原递呈给免疫细胞,使之激活,产生异常自身免疫应答,导致自身免疫病。

四、HLA 分型在法医学中的应用

由于 HLA 具有极为复杂的多态性,且 HLA 复合体中所有基因均为共显性表达并以单元型形式遗传,从而奠定了其应用于法医学实践的理论基础:①无亲缘关系的个体间,其 HLA 等位基因完全相同的概率几乎为零;②HLA 是伴随个体终身的遗传标志。据此,HLA 分型技术已成功地应用于法医学领域的亲子鉴定与个体识别。

 课后思考

1. MHC 的概念。

2. HLA-Ⅰ、Ⅱ类抗原分子的结构、分布及其主要功能。

7-9   章节作业

7-10   研究性
学习主题

7-11   课外拓展

第八章

白细胞分化抗原和黏附分子

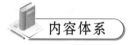 内容体系

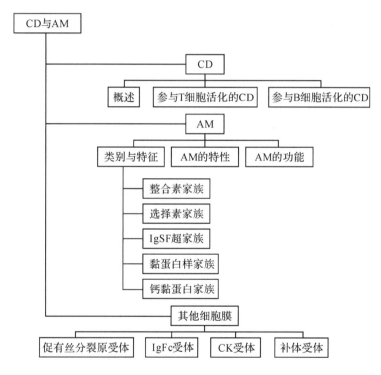

 课前思考

参与免疫应答的免疫细胞膜分子有哪些？各有哪些作用？如何介导、参与细胞免疫应答和体液免疫应答？其他种类的免疫细胞膜分子还有哪些？

本章重点

1.白细胞分化抗原和黏附分子的概念、种类与作用。
2.参与 T、B 淋巴细胞分化的 CD 分子。

教学要求

1.掌握白细胞分化抗原和黏附分子的概念、种类与作用。

2.熟悉参与T、B淋巴细胞分化的CD分子。

机体免疫系统是由中枢淋巴器官、外周淋巴器官、免疫细胞和免疫分子所组成的。免疫应答过程有赖于免疫系统中细胞间的相互作用,包括细胞间直接接触和通过释放细胞因子或其他介质的相互作用。免疫细胞间或细胞与介质间相互识别的物质基础是免疫细胞膜分子,包括细胞表面的多种抗原、受体和其他分子。细胞膜分子通常也称为细胞表面标记(cell surface marker)。免疫细胞膜分子的种类繁多,主要有T细胞受体、B细胞识别抗原的膜免疫球蛋白、主要组织相容性复合体抗原、白细胞分化抗原、黏附分子、结合促分裂素的分子、细胞因子受体、免疫球蛋白Fc段受体以及其他受体和分子。不仅参与识别、捕捉抗原、免疫细胞与抗原、免疫分子间的相互作用,还能介导免疫细胞间、免疫细胞与基质间的黏附作用,在免疫应答的识别、活化及效应阶段均发挥重要作用。免疫细胞膜分子的研究有助于在分子水平认识免疫应答的本质,对疾病的诊断、预防、治疗和机制探讨具有重要意义。

第一节 白细胞分化抗原

一、概述

白细胞分化抗原(leukocyte differentiation antigen,LDA)是白细胞(还包括血小板、血管内皮细胞等)在分化成熟为不同谱系(lin-eage)和分化不同阶段以及活化过程中出现或消失的细胞表面标记。它们大都是穿膜的蛋白或糖蛋白,含胞膜外区、穿膜区和胞浆区;有些白细胞分化抗原是以糖基磷脂酰肌醇(glyco-sylphosphatidylinositol,GPI)连接方式"锚"在细胞膜上的。少数白细胞分化抗原是碳水化合物半抗原。

8-1 微课
视频:概述

白细胞分化抗原种类繁多,分布广泛,除表达于白细胞之外,还广泛分布于不同分化阶段的红系、巨核细胞/血小板谱系和非造血细胞(如血管内皮细胞、成纤维细胞、上皮细胞、神经内分泌细胞等)表面。

8-2 知识点
课件:概述

白细胞分化抗原参与机体重要的生理和病理过程:①免疫应答过程中免疫细胞的相互识别,免疫细胞抗原识别、活化、增殖和分化,免疫效应功能的发挥;②造血细胞的分化和造血过程的调控;③炎症发生;④细胞的迁移,如肿瘤细胞的转移等。本章仅介绍参与免疫细胞识别、信号转导以及活化的白细胞分化抗原分子

早期各实验室多借助自制的特异性抗体对白细胞分化抗原进行分析和鉴定,故同一分化抗原可能有不同命名。自20世纪80年代初以来,由于单克隆抗体、分子克隆、基因转染细胞系等技术在白细胞分化抗原研究中得到广泛深入的应用,有关白细胞分化抗原的研究和应用进展相当迅速。在世界卫生组织(WHO)和国际免疫学会联合会(IUIS)的组织下,自1982年至2010年已先后举行了九次有关人类白细胞分化抗原的国际协作组会议(International Workshop on Human Leukocyte Differentiation Antigens),并应用以单克隆抗体鉴定为主的

聚类分析法,将识别同一分化抗原的来自不同实验室的单克隆抗体归为一个分化群(cluster of differentiation,CD)。迄今,人 CD 的序号已从 CD1 命名至 CD339。在许多场合下,抗体及其识别的相应抗原都用同一个 CD 序号。

二、参与 T 细胞抗原识别与活化的 CD 分子

8-3　微课视频:与 T 细胞相关的 CD 分子

T 细胞是一类重要的免疫活性细胞,除直接介导细胞免疫功能外,对机体免疫应答的调节起关键作用。T 细胞本身的识别活化及效应的发挥,不仅与外来抗原、丝裂原和多种细胞因子密切相关,而且有赖于 T 细胞相互之间、T 细胞与抗原递呈细胞(APC)之间以及 T 细胞与靶细胞之间的直接接触。T 细胞识别抗原的受体是 T 细胞受体(T cell receptor,TCR)与 CD3 所组成的复合物(TCR/CD3)。在识别过程中还有赖于抗原非特异性的其他细胞表面分子的辅助,这些辅助分子(accessory molecules)主要包括 CD4、CD8、CD2、CD28、CD40L、CD58、CD80、CD86 和 CD152 等(图 8-1)。

8-4　知识点课件:与 T 细胞相关的 CD 分子

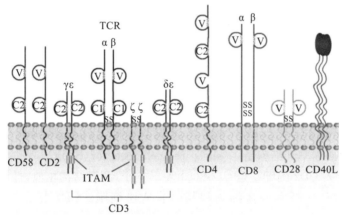

图 8-1　参与 T 细胞抗原识别与活化的 CD 分子

1. CD3　由 γ、δ、ε、ζ、η 五种肽链组成,通过盐桥与 T 细胞受体 TCR 形成 TCR-CD3 复合体,分布于所有成熟 T 细胞和部分胸腺细胞表面。

CD3 的主要功能是转导 TCR 特异性识别抗原所产生的活化信号,促进 T 细胞活化。CD3 分子胞浆区含免疫受体酪氨酸活化基序(immunoreceptor tyrosine-based activation motif,ITAM),TCR 识别或结合由 MHC 分子递呈的抗原肽后,导致 ITAM 所含酪氨酸磷酸化,通过活化相关激酶,将识别信号转入 T 细胞内(图 8-2)。CD3 是参与 TCR 信号转导的关键分子,CD3 肽链缺陷或缺失,可导致 T 细胞活化缺陷。

2. CD4　为单链跨膜糖蛋白,属免疫球蛋白超家族(IgSF)成员,分布于胸腺细胞和成熟 Th 细胞,也存在于巨噬细胞、脑细胞。在外周血和淋巴器官中,$CD4^+$T 细胞主要为辅助性 T 细胞(helper T cell,Th)。CD4 的功能:①作为 Th 与 APC 之间的黏附分子,CD4/MHC-Ⅱ类分子。②信号转导作用:细胞内传导。CD4 分子也是人类免疫缺陷病毒(HIV)受体。

3. CD8　也属 IgSF 成员,分布于部分 T 细胞、胸腺细胞和 NK 细胞表面。CD8 通常作为判别 T 细胞的表面标志。CD8 的功能:①介导细胞间黏附作用:CD8 与 MHC-Ⅰ类结合,激活 CTL。②信号传导:CD8 与 MHC-Ⅰ类分子结合,启动 T 细胞免疫应答。

4. CD28 与 CD80(B7-1)/CD86(B7-2)　CD28 分子乃借二硫键相连的同源二聚体,属

IgSF 成员。在外周血淋巴细胞中，几乎所有的 CD_4^+ T 细胞和 50% 的 CD_8^+ T 细胞表达 CD28。此外，浆细胞和部分活化 B 细胞也可表达 CD28。一般而言，活化 T 细胞 CD28 表达水平升高。

CD28 分子胞浆区可与多种信号分子相连，能转导 T 细胞活化的共刺激信号。CD28 的配体是表达于 B 细胞和 APC 表面的 B7 家族分子，包括 CD80（B7-1）和 CD86（B7-2）。CD28/B7-1、B7-2 是一组最重要的共刺激分子，它们之间结合提供 T 细胞活化所必需的共刺激信号，即第二信号。

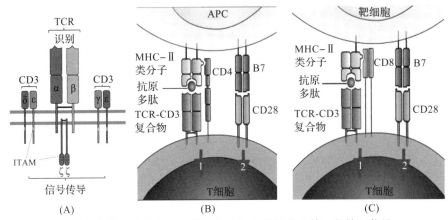

TCR：识别抗原肽与酪氨酸磷酸化；Th：细胞活化的第一与第二信号；
CTL：活化的第一与第二信号

图 8-2　活化信号

5. CD2/CD58　CD2 又称淋巴细胞功能相关抗原 2（lymphocyte function associated antigen 2，LFA-2）或绵羊红细胞受体（sheep red cell receptor，SRBC），表达于 T 细胞、胸腺细胞和 NK 细胞等。人 CD2 的配基是 CD58（LFA-3）分子，两者结构相似，且均属 IgSF 成员。

CD58 分布较广，包括多种血细胞和某些非造血细胞。CD2 与 CD58 结合能增强 T 细胞与 APC 或靶细胞间黏附，促进 T 细胞对抗原识别和 CD2 所介导的信号转导。此外，人 T 细胞还能通过 CD2 与 SRBC 表面的 CD58 类似物结合形成花环，称为 E 花环（图 8-3），可用于体外检测和分离 T 细胞。

8-5　知识点测验题

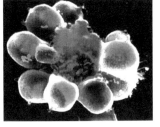

图 8-3　E 花环

8-6　微课视频：与 B 细胞相关的 CD 分子

三、参与 B 细胞抗原识别与活化的 CD 分子

参与 B 细胞抗原识别与活化的 CD 分子有 B 细胞抗原受体（BCR、SmIg）、CD19/CD21/CD81、CD40 与 CD40L 等（图 8-4）。

1. B 细胞抗原受体（BCR、SmIg）　是 B 细胞特异性应答的关键分

8-7　知识点课件：与 B 细胞相关的 CD 分子

子(图 8-5)。BCR 特异性识别并结合抗原。BCR 也有两种辅助成分,即 Igα(CD79a)和 Igβ (CD79b)。在人类 B 细胞,与 mIgM 相关的 Igα 和 Igβ 分别为 47000 和 37000 糖蛋白,属于免疫球蛋白超家族成员。通过非共价键成为 BCR-Igα/Igβ 复合体。Igα 和 Igβ 胞膜外区氨基端处均有一个 Ig 样结构域。Igα 和 Igβ 均可作为蛋白酪氨酸激酶的底物,可能与 BCR 信号转导有关,因为 mIgM 和 mIgD 胞浆区只有 3 个氨基酸(KVK),不可能单独把胞膜外的刺激信号传递到细胞内。

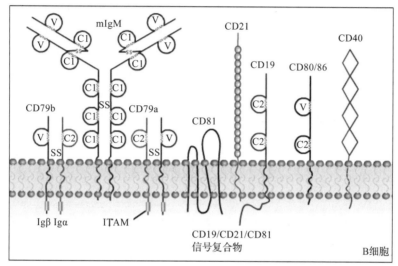

图 8-4　参与 B 细胞抗原识别与活化的 CD 分子

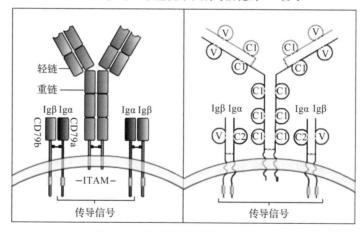

图 8-5　B 细胞抗原受体结构示意图

2. CD19/CD21/CD81　CD19、CD21、CD81 构成的复合物是 B 细胞活化的共受体,通过 CD19 分子胞浆区与多种激酶的结合,能加强跨膜信号转导,促进 B 细胞活化。CD19/CD21/CD81 信号复合物可调节 BCR 活化的阈值,其中 CD21(CR2)借助补体 C3 片段而介导 CD19 与 BCR 交联,从而促进 B 细胞活化,这对 B 细胞初次应答尤为重要(图 8-6)。

CD19 分布于除浆细胞外不同发育阶段的 B 细胞表面,是鉴定 B 细胞的重要标志之一。CD21 是 CR2、C3dR、

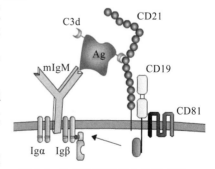

图 8-6　B 细胞信号复合物示意图

EB 病毒的受体,仅表达于静止、成熟的 B 细胞表面,B 细胞一旦活化即消失。因此,CD21 是 B 细胞的重要标志。CD81 广泛分布于 B 细胞、T 细胞、巨噬细胞、树突状细胞、NK 细胞和嗜酸性粒细胞表面。CD81 是丙型肝炎病毒(HCV)受体,可能参与 HBV 感染。

3. CD40 与 CD40L　CD40 分子属肿瘤坏死因子超家族,主要分布于 B 细胞、树突状细胞以及某些上皮细胞、内皮细胞、成纤维细胞和活化的单核细胞表面。

CD40L 即 CD40 配体,属 IgSF 家族成员。人 CD40L 主要表达在活化 CD4$^+$T 细胞、部分 CD8$^+$T 细胞和 γδT 细胞表面。CD40L 与 B 细胞表面 CD40 结合是 B 细胞再次免疫应答和生发中心形成的必要条件。T 细胞表面 CD40L 与 B 细胞表面 CD40 结合,能提供 B 细胞活化所需的共刺激信号,这是 B 细胞对 TD 抗原产生应答的重要条件。CD40L 也能激活单核-巨噬细胞。CD40 与 CD40L 的相互作用还参与淋巴细胞发育的阴性选择过程和外周免疫耐受的形成。此外,CD40L 还表达于活化的嗜碱性粒细胞、肥大细胞、NK 细胞、单核细胞以及活化 B 细胞表面。

8-8　知识点测验题

第二节　黏附分子

黏附分子(adhesion molecule,AM)是一类介导细胞与细胞间或细胞与细胞外基质(extracell matrix,ECM)间相互接触和结合的分子,多为跨膜糖蛋白。黏附分子广泛分布于几乎所有细胞表面,某些情况下也可从细胞表面脱落至体液中,成为可溶性黏附分子(soluble adhesion molecule)。黏附分子以配体-受体结合的形式发挥作用,参与细胞识别、信号转导以及细胞活化、增殖、分化与移动等,是免疫应答、炎症反应、凝血、创伤愈合以及肿瘤转移等一系列重要生理与病理过程的分子基础。

8-9　微课视频:
黏附分子

黏附分子与 CD 分子是根据不同角度命名的膜分子:黏附分子乃以黏附功能归类;CD 分子是借助单克隆抗体鉴定、归类而命名。一大类 CD 分子具有黏附作用,大部分黏附分子也属 CD 分子。

8-10　知识点课件:
黏附分子

一、黏附分子的类别及其特征

根据黏附分子的结构特点可将其分为整合素、选择素、黏蛋白样、免疫球蛋白超家族及钙黏蛋白 5 个家族,此外还有一些尚未归类的黏附分子。

(一)整合素家族(integrin family)

整合素乃因其主要介导细胞与细胞外基质(ECM)的黏附,使细胞附着以形成整体而得名(图 8-7)。整合素参与细胞活化、增殖、分化、吞噬与炎症形成等多种功能。

整合素家族成员均为 α、β 两条多肽链(或亚单位)组成的异源二聚体。目前已知整合素家族中至少有 14 种 α 链亚单位和 8 种 β 链亚单位。迄今已发现 20 余个整合素家族成员,按 β 链亚单位的不同,可将其分为 β$_1$～β$_8$ 共 8 个组。同一组成员的 β 链均相同,而 α 链各异。多数 α 链亚单位仅能与一种 β 链亚单位结合,而多数 β 链亚单位则可结合数种不同 α 链亚单位。

整合素家族是介导细胞与 ECM 相互黏附的重要分子,其配体主要是 ECM 蛋白(如纤连蛋白、血纤蛋白原、玻连蛋白等)。某些整合素配体是细胞表面分子,可介导细胞间相互作用。

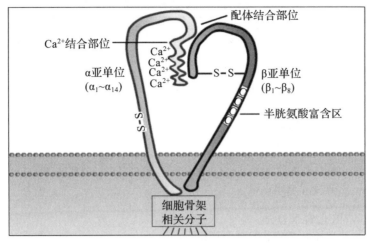

图 8-7　典型整合素分子结构示意图

（二）选择素家族（selectin family）

选择素参与炎症发生、淋巴细胞归巢、凝血以及肿瘤转移等,包括 L-选择素（CD62L）、P-选择素（CD62P）和 E-选择素（CD62E）3 个成员,L、P、E 分别代表最初发现此 3 种选择素的白细胞、血小板和血管内皮细胞（图 8-8）。选择素分子的配体是一些寡糖基团,主要是唾液酸化的路易斯寡糖（sialyl Lweis,sLex 或 CD15s）或具有类似结构的分子。此类配体主要分布于白细胞、血管内皮细胞及某些肿瘤细胞表面。

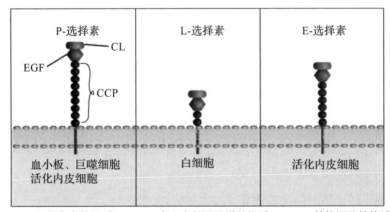

CL：C型凝集素结构域；EGF：表皮生长因子样结构域；CCP：补体调控结构域

图 8-8　选择素家族黏附分子

（三）免疫球蛋白超家族（immunoglobulin superfamily, IgSF）

IgSF 是一类具有类似于 IgV 区或 C 区折叠结构、其氨基酸组成也与 Ig 有一定同源性的分子。IgSF 成员极多,包括抗原特异性受体（如 TCR 与 BCR）、非抗原特异性受体及其配体（如 CD2 与 LFA-3）、IgFc 受体、某些黏附分子及 MHC-Ⅰ、Ⅱ类分子等（表 8-1）。属于 IgSF 成员的黏附分子,其识别的配体多为 IgSF 分子或整合素分子,主要介导 T 细胞-APC/靶细胞、T 细胞-B 细胞间的相互识别与作用。IgSF 黏附分子及其识别的配体。

表 8-1　IgSF 黏附分子的种类、分布和配体

IgSF 黏附分子	分　布	配　体
LFA-2(CD2)	T 细胞、胸腺细胞、NK 细胞	LFA-3(IgSF)
LFA-3(CD58)	广泛	LFA-2(IgSF)
ICAM-1(CD54)	广泛	LFA-1(整合素家族)
ICAM-2(CD102)	内皮细胞、T 细胞、B 细胞、髓样细胞	LFA-1(整合素家族)
ICAM-3(CD50)	白细胞	LFA-1(整合素家族)
CD4	辅助性 T 细胞亚群	MHC-Ⅱ(IgSF)
CD8	杀伤性 T 细胞亚群	MHC-Ⅰ(IgSF)
MHC-Ⅰ	广泛	CD8(IgSF)
MHC-Ⅱ	B 细胞、活化 T 细胞、活化内皮细胞、巨噬细胞、树突状细胞	CD4(IgSF)
CD28	T 细胞、活化 B 细胞	B7-1(IgSF)
B7-1(CD80)	活化 B 细胞、活化单核细胞	CD28(IgSF)
NCAM-1(CD56)	NK 细胞、神经元	NCAM-1(IgSF)
VCAM-1(CD106)	内皮细胞、树突状细胞、巨噬细胞	VLA-4(整合素家族)
PECAM-1(CD31)	白细胞、血小板、内皮细胞	PECAM-1(IgSF)

(四)钙黏蛋白家族(Ca^{2+} dependent adhesion molecule family)

钙黏蛋白家族是一类钙离子依赖的黏附分子家族。钙黏蛋白家族成员在体内有各自独特的组织分布,且可随细胞生长、发育状态不同而改变。钙黏蛋白为单链糖蛋白,多数钙黏蛋白膜外区结构相似,能介导相同分子的黏附,称同型黏附作用。

钙黏蛋白家族成员至少有 20 个,其中与免疫学关系密切的主要是 E-Cadherin、N-Cadherin 和 P-Cadherin 三种,E、N、P 分别表示上皮、神经和胎盘。钙黏蛋白在调节胚胎形态发育和实体组织形成与维持中具有重要作用。此外,肿瘤细胞钙黏蛋白表达改变与肿瘤细胞浸润和转移有关。

(五)其他黏附分子

除上述黏附分子的几个家族外,还有许多其他未归类的黏附分子,包括 CD44、CD36、外周淋巴结地址素(PNAd)和皮肤淋巴细胞相关抗原(CLA)等。

二、黏附分子的特性

1.受体与配体的结合是可逆性,也非高度特异性,同一黏附分子可与不同配体结合,这与抗原-抗体结合不同。

2.同一种属不同个体的同类黏附分子基本相同,无多态性。

3.同一细胞表面可表达多种不同类型黏附分子。

4.黏附分子的作用往往通过多对受体-配体共同完成。

5.同一黏附分子,在不同细胞表面其功能不一。

三、黏附分子的功能

黏附分子参与机体多种重要的生理功能和病理过程,主要有免疫细胞识别中的辅助受体和辅助活化信号、炎症过程中白细胞与血管内皮细胞黏附和淋巴细胞归巢等。

(一)淋巴细胞活化的辅助信号分子

辅助受体和辅助活化信号是指免疫细胞在接受抗原刺激的同时,还必须有辅助的受体接受辅助活化信号才能被活化。辅助受体的种类很多,在不同的环境中发挥的作用也不相同,T

细胞与抗原递呈细胞(APC)上能提供辅助刺激信号的黏附分子有 CD4/MHC-Ⅱ类分子、CD8/MHC-Ⅰ类分子、CD28/CD80 及 CD86、CD2/CD58、LFA-1/ICAM-1 等(图 8-9)。T 细胞识别 APC 细胞递呈的抗原后,如缺乏 CD80(或 CD86)提供的辅助刺激信号,则 T 细胞的应答处于无能状态。

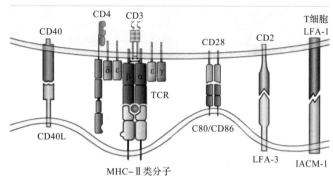

图 8-9　T 细胞与 APC 间的主要黏附分子

(二)介导白细胞与血管内皮细胞黏附

炎症过程的重要特征之一是白细胞与血管内皮细胞的黏附、穿越血管内皮细胞并向炎症部位渗出。该过程的重要分子基础是白细胞与血管内皮细胞间黏附分子的相互作用(图 8-10)。不同白细胞的渗出过程或在渗出的不同阶段,其所涉及的黏附分子不尽相同。例如,炎症发生初期,中性粒细胞表面 CD15s(SLex)可与血管内皮细胞表面 E-选择素结合而黏附于管壁;随后,在血管内皮细胞表达的膜结合型 IL-8 诱导下,已黏附的中性粒细胞 LFA-1 和 Mac-1 等整合素分子表达上调,与内皮细胞表面由促炎因子诱生的 ICAM-1 相互结合,对中性粒细胞与内皮细胞紧密黏附和穿越血管壁到炎症部位均发挥关键作用。淋巴细胞的黏附、渗出过程与中性粒细胞相似,但参与的黏附分子有所不同。

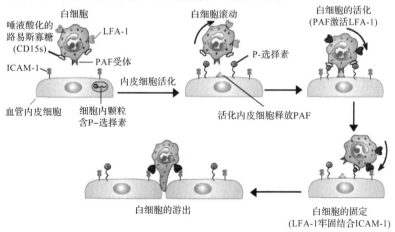

图 8-10　白细胞与血管内皮细胞黏附及渗出示意图

(三)参与淋巴细胞归巢

淋巴细胞可借助黏附分子从血液回归至淋巴组织,此为淋巴细胞归巢(lymphocyte homing)(图 8-11)。介导淋巴细胞归巢的黏附分子称为淋巴细胞归巢受体(lymphocyte homing receptor,LHR),包括 L-选择素、LFA-1、CD44 等。LHR 的配体称为地址素(addressin),主要表达于血管(尤其是淋巴结高内皮静脉,HEV)内皮细胞表面,如外周淋巴结地址素(PNAd)、黏膜地址素细胞黏附分子(MadCAM-1)、ICAM-1、ICAM-2 等。通过 LFA-1/ICAM-1、L-选择素/PNAd、CD44/MadCAM-1 等相互作用,介导淋巴细胞黏附并穿越 HEV 管壁回归至淋巴结中,再经淋巴管、胸导管进入血液,进行淋巴细胞再循环。

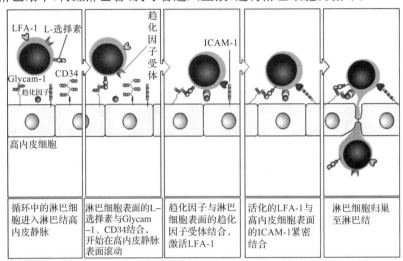

图 8-11   参与淋巴细胞归巢

(四)其他作用

IgSF 等黏附分子参与诱导胸腺细胞分化与成熟;gpⅡb/Ⅲa、VNR-β3 等整合素分子参与凝血及伤口修复过程;胚胎发育过程中,Cadherin 等黏附分子参与细胞黏附及有序组合,对胚胎细胞发育形成组织和器官至关重要;黏附分子还参与细胞迁移和细胞凋亡的调节;等等。

第三节   其他免疫细胞膜分子

一、促有丝分裂原受体

有丝分裂原来自植物的糖蛋白或细菌产物,能与多种细胞膜糖类分子结合(受体),促进细胞活化、诱导分裂(图 8-12)。

8-11   微课视频:其他
免疫细胞膜分子

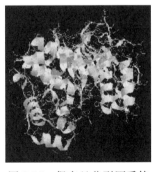

图 8-12   促有丝分裂原受体

8-12   知识点课件:
其他免疫细胞膜分子

二、IgFc 受体

体内多种细胞表面可表达 IgFc 受体,并通过两者结合,参与 Ig 的功能。属于 CD 分子的 Fc 受体包括 FcγR、FcαR 和 FcεR。其中 FcγR 分为 FcγRⅠ、FcγRⅡ和 FcγRⅢ三类;FcεR 分为 FcεRⅠ和 FcεRⅡ两类,受体是糖蛋白,胞外都有 Ig 样功能区,能与 IgFc 结合(图 8-13)。功能:介导 Ag 识别、吞噬功能、Ag 递呈、免疫细胞活化等。

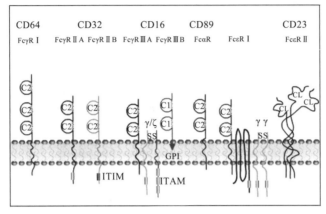

图 8-13　各类 Ig 的 Fc 受体

三、CK 受体

根据细胞因子受体 cDNA 序列以及受体胞膜外区氨基酸序列的同源性和结构特征,可将细胞因子受体分为四种主要类型:免疫球蛋白超家族(IgSF)、造血细胞因子受体超家族、神经生长因子受体超家族和趋化因子受体。此外,还有些细胞因子受体的结构尚未完全搞清,如 IL-10R、IL-12R 等;有的细胞因子受体结构虽已搞清,但尚未归类,如 IL-2Rα 链(CD25)。免疫细胞表面表达多种 CK 受体,参与调节 T 细胞、B 细胞、单核-巨噬细胞的生物学功能。

主要包括免疫球蛋白受体超家族(IgR-SF)、Ⅰ型细胞因子受体家族、Ⅱ型细胞因子受体家族(干扰素受体家族)、Ⅲ型细胞因子受体家族(肿瘤坏死因子受体家族,TNFR-F)和七次跨膜受体家族(又称 G-蛋白耦联受体家族)(图 8-14)。

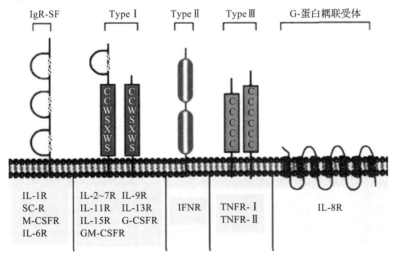

图 8-14　细胞因子受体超家族结构图

四、补体受体

中性粒细胞和单核-巨噬细胞高度表达补体受体,与吞噬功能有关(图 8-15)。其配体为 iC3b,但针对其他补体受体的单克隆抗体不能阻断 CR4 与 iC3b 的结合,证明 CR4 的存在。CR4 与 gp150/95 为同一分子,对其功能尚有诸多不明之处,据认为 CR4 在排除组织内与 iC3b 结合的颗粒上起作用。CR4 和 CR3 一样,与配体结合时需有二价离子的存在。

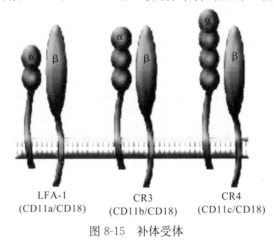

LFA-1 　　　 CR3 　　　 CR4
(CD11a/CD18)　(CD11b/CD18)　(CD11c/CD18)

图 8-15　补体受体

五、内分泌激素、神经递质、神经肽受体

免疫细胞表面可具有多种激素、神经递质和神经肽的受体,如雌激素、甲状腺素、肾上腺皮质激素、肾上腺素、前列腺素 E、生长激素、胰岛素等激素的受体,内啡肽、脑啡肽、P 物质等神经肽受体,组胺、乙酰胆碱、5-羟色胺、多巴胺等神经递质受体。免疫细胞表面的激素、神经肽和神经递质受体是机体神经内分泌免疫网络中的一个重要环节。

8-13　章节作业

8-14　研究性
学习主题

 课后思考

1.CD 分子、黏附分子的概念。

2.简述与 T 细胞识别、黏附及活化有关的主要 CD 分子及其作用。

3.简述与 B 细胞识别、黏附及活化有关的主要 CD 分子及其作用。

第九章

免疫应答

 内容体系

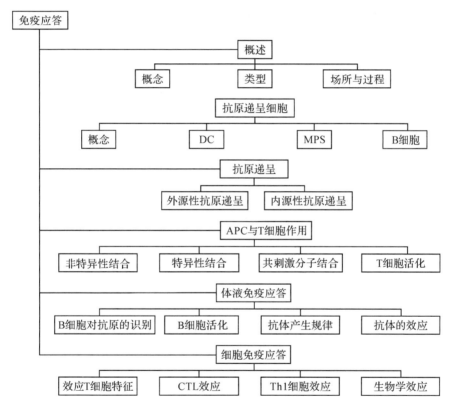

📖 课前思考

1. 人体有 10 万亿个细胞,每天有数以万计的细胞发生癌变,但一般不会发生癌症,癌变的细胞是如何被清除的?

2. 入侵机体的病原微生物是如何被机体清除的?

3. 同一种疫苗需要按照一定的免疫程序进行注射,为什么?

4. 作为治疗用的免疫血清是如何制备的?

5. 为什么说治疗癌症最好的方法是免疫疗法? 其机制如何?

 **本章重点**

1. 免疫应答的概念、类型、应答场所和过程。
2. T、B 细胞介导的免疫应答过程、特点和效应。
3. 抗体产生的规律及应用。

 **教学要求**

1. 熟悉单核吞噬细胞系统、树突状细胞、B 细胞生物学特性、递呈抗原的基本特点。能分析在初次、再次免疫应答时,不同递呈细胞所起的作用。

2. 熟知免疫应答的概念、类型、应答场所和过程。能结合第二、第三道免疫防线,分析机体防御机制。

3. 能运用抗体产生的一般规律,分析疫苗注射的免疫程序。

4. 熟悉 T、B 细胞介导的免疫应答过程、特点和效应。能分析机体抵御细菌和病毒、器官移植、肿瘤的免疫机制。

第一节　概　述

一、概念

免疫应答是指机体受抗原性异物刺激后,体内免疫细胞发生一系列反应以排除抗原性异物的生理过程。免疫应答最基本的生物学意义是识别"自己"与"非己",从而清除"非己"的抗原性物质,保护机体免受异己抗原的侵袭。

9-1　微课视频:
概述

免疫应答的机制主要包括:①抗原递呈细胞对抗原的加工、处理、递呈;②淋巴细胞识别抗原后,自身活化、增殖、分化产生免疫效应。

其生物学意义:及时清除体内抗原性异物,以保持内环境的恒定,但在某些情况下,应答也会造成对机体损伤,如超敏反应。

9-2　知识点课件:
概述

二、类型

根据参与免疫应答和介导免疫效应的组分和细胞种类的不同,特异性免疫应答还可分为 B 细胞介导的体液免疫(humoral immunity)和 T 细胞介导的细胞免疫(cellular immunity)。

在某些特定条件下,抗原也能诱导机体免疫系统对其产生特异性不应答状态——免疫耐受性或称负免疫应答。

三、免疫应答场所与过程

特异性免疫应答发生的场所主要在外周免疫器官(淋巴结和脾)。整个应答过程分为三个阶段(图 9-1)。

（1）感应阶段（抗原识别阶段）：包括抗原的摄取、处理、递呈和特异性识别；

（2）反应阶段（增生分化阶段）：指免疫细胞（T、B 细胞）识别抗原后传递活化信号，自身发生活化、增殖和分化；

（3）效应阶段：引发 T 细胞介导的细胞免疫效应和 B 细胞介导的体液免疫效应。

9-3　知识点
测验题

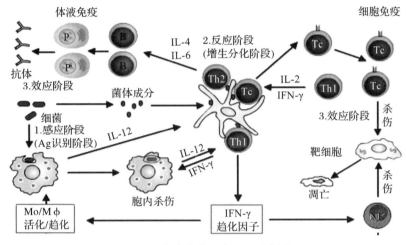

图 9-1　免疫应答基本过程示意图

第二节　抗原递呈细胞

抗原递呈细胞（antigen-presenting cell，APC）是能摄取、加工处理抗原，并将抗原递呈给淋巴细胞的一类免疫细胞，在机体免疫应答过程中发挥重要作用（图 9-2）。此类细胞能辅助和调节 T 细胞、B 细胞识别抗原并对抗原产生应答，故又称为辅佐细胞（accessory cell），简称 A 细胞。根据 APC 细胞表面膜分子表达情况和功能的差异，可将其分为两类。

9-4　微课视频：
抗原递呈细胞

1. 专职（professiona）APC　能表达 MHC-Ⅱ类抗原和其他参与 T 细胞活化的共刺激分子，包括单核吞噬细胞系统（mononuclear phagocyte system，MPS）、树突状细胞、B 细胞等；

9-5　知识点课件：
抗原递呈细胞

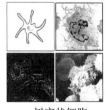
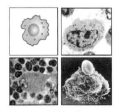
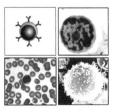

树突状细胞　　　　巨噬细胞　　　　B淋巴细胞

图 9-2　抗原递呈细胞

2. 非专职 APC　包括内皮细胞、纤维母细胞、上皮细胞等，它们通常情况下并不表达 MHC-Ⅱ类分子，但在炎症过程中或受到 IFN-γ 诱导，也可表达 MHC-Ⅱ类分子并处理和递呈抗原。

另外,机体有核细胞能将内源性蛋白抗原降解处理为多肽片段,后者与Ⅰ类分子结合为复合物表达在细胞表面,并递呈给 CD8$^+$ T 淋巴细胞。以前曾不将此类细胞归于严格意义上的APC,而是称其为靶细胞,但近年亦将其称为 APC。目前对 APC 的定义为:所有表达 MHC分子并能处理和递呈抗原的细胞。

一、基本概念

抗原加工:蛋白质抗原在细胞内被降解成能与 MHC 分子结合的肽的过程。

抗原递呈:MHC 分子与抗原肽结合,将其展示于细胞表面供 T 细胞识别的过程(图 9-3)。

内源性抗原:细胞内产生的蛋白质抗原,包括自身抗原和非己抗原——MHC-Ⅰ分子递呈。

外源性抗原:由细胞外摄入细胞内的蛋白质抗原,包括非己抗原和自身抗原——MHC-Ⅱ分子递呈。

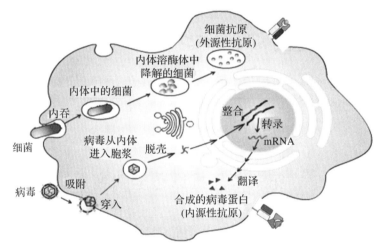

图 9-3　抗原递呈示意图

二、树突状细胞

树突状细胞(dendritic cell,DC)是由美国学者 Steinman 于 1973 年发现的,因其成熟细胞具有许多树突样或伪足样突起而得名。DC 是目前所知体内功能最强的专职 APC,与其他APC 相比,其最大特点是能够刺激初始 T 细胞(naive T cell)增殖,而 Mφ、B 细胞则仅能刺激已活化的或记忆性 T 细胞,故 DC 是机体免疫应答的启动者,在免疫系统中占有独特的地位。对 DC 的研究不仅有助于阐明机体免疫应答的调控机制,也对认识肿瘤、移植排斥反应、感染、自身免疫病的发生机制并制定有效的防治措施具有重要意义。

(一)DC 的来源、分化和种类

DC 主要由骨髓中髓样干细胞分化而来,与单核吞噬细胞有共同的前体细胞,这些髓系来源的 DC 称为髓样 DC(myeloid DC,MDC)。部分 DC 由淋巴样干细胞分化而来,与淋巴细胞有共同的前体细胞,此类淋巴系来源的 DC 称为淋巴样 DC(lymphoid DC,LDC)(图 9-4)。

DC 广泛分布于(脑以外)全身各组织和器官,但数量极少,分布在不同部位和处于不同分化阶段的 DC 具有不同的生物学特征和命名,主要有:

1.朗格罕斯细胞(Langerhans cell,LC)　LC 是位于表皮和胃肠道上皮部位的未成熟

DC,其高表达 FcgR、C3bR、MHC-Ⅰ/Ⅱ类分子,胞浆内含特征性 Birbeck 颗粒。

2.并指状 DC(interdigitating DC,IDC) IDC 存在于外周淋巴组织的胸腺依赖区,是由 LC 或间质性 DC 移行至淋巴结而衍生的成熟 DC,其表面缺乏 FcR 及 C3bR,但高表达 MHC-Ⅰ/Ⅱ类分子和 B7,通过其突起与 T 细胞密切接触,将抗原递呈给 T 细胞,具有较强的免疫激发作用。

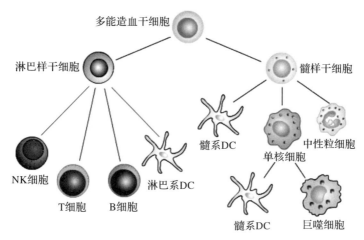

图 9-4 树突状细胞的来源

(二)生物学功能

DC 是体内最重要的 APC,并具有其他生物学功能。

1.抗原递呈功能。

2.调节免疫应答 DC 能递呈抗原并激发免疫应答,尤其是能激活初始 T 细胞,此效应是启动特异性免疫应答的关键步骤(图 9-5)。

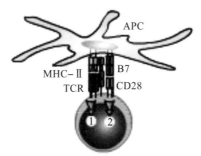

图 9-5 DC 能递呈抗原并激发免疫应答

(三)DC-CIK(树突状细胞-细胞因子诱导的杀伤细胞)治疗制剂

1.制备流程

(1)取肿瘤患者外周血 50mL。

(2)得到外周血单个核细胞(peripheral blood mononuclear cells,PBMC)。

(3)在体外培养条件下,利用 IL-4、GM-CSF 以及 TNF-α 诱导产生成熟 DC 细胞。

(4)用 IFN-γ、IL-2 和抗 CD3McAb 诱导产生 CIK 细胞。

(5)DC 细胞和 CIK 细胞按一定比例混合共培养,产生 DC-CIK 细胞。

(6)DC-CIK 细胞在体外培养条件下继续被扩增和激活。

(7)规格:每袋 100mL 含细胞$\geq 1 \times 10^9$ 个。

(8)静脉滴注,每日一次,共 3 次,3d 为一个疗程,一般需要 2~3 个疗程。

(9)使用 DC-CIK 细胞制剂时,不能与放化疗同时进行,以避免放化疗对 DC-CIK 细胞的直接杀伤作用,从而影响 DC-CIK 细胞对肿瘤细胞杀伤疗效。因此,应与放化疗间隔使用(图 9-6)。

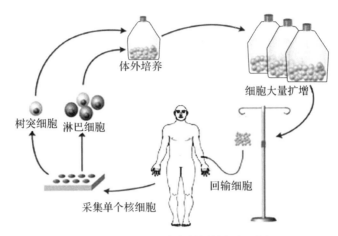

体外培养

细胞大量扩增

树突细胞　淋巴细胞

回输细胞

采集单个核细胞

图 9-6　DC-CIK 治疗制剂制备流程图

2.通过临床试验,DC-CIK 免疫治疗肿瘤具有如下优点。

(1)安全性:利用人体自身细胞经诱导活化后杀死肿瘤细胞,无毒副作用,也不会产生过激排斥反应。

(2)针对性:DC 细胞可提取肿瘤抗原,递呈给 CIK 细胞产生特异性杀伤肿瘤作用。

(3)持久性:DC-CIK 细胞在输注患者体内后立即执行其功能,半衰期约 2 周至一个月,回输的同时可使患者体内产生记忆 T 淋巴细胞,可存活几年至几十年,当遇到相应刺激后,迅速在体内活化,杀伤肿瘤细胞。

(4)全面性:重建和提高患者全身的机体免疫功能,全面识别、搜索、杀伤肿瘤细胞,有效防止肿瘤的复发和转移。

(5)适应证广:DC-CIK 细胞对于循环、消化、呼吸、泌尿及生殖等多个系统肿瘤细胞均有杀伤作用,抗瘤谱广,并能消灭对放、化疗不敏感及转移的耐药肿瘤细胞。

二、单核吞噬细胞系统(MPS)

MPS 包括骨髓中的前单核细胞(pre-monocyte)、外周血中的单核细胞(monocyte,Mon)以及组织内的巨噬细胞(macrophage,Mϕ),是体内具有最活跃生物学功能的细胞类型之一。

(一)生物活性成分

单核吞噬细胞能产生各种溶酶体酶、溶菌酶、髓过氧化物酶等。Mϕ,尤其是活化的 Mϕ 还能产生和分泌近百种生物活性物质,如细胞因子(IL-1、IL-6、IL-12 等)、补体成分(C1、P 因子等)、凝血因子,以及前列腺素、白三烯、血小板活化因子、促肾上腺皮质激素、内啡肽等活性产物。随 Mϕ 所受刺激、所处活化阶段和活化程度的不同,上述活性分子的产生和分泌各异,并与 Mϕ 功能状态密切相关。

(二)主要生物学作用

单核-巨噬细胞是参与非特异性免疫和特异性免疫的重要细胞,参与吞噬消化、杀伤肿瘤细胞、加工和递呈抗原、调节免疫应答、介导炎症反应(图 9-7)。

(a)

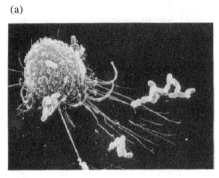

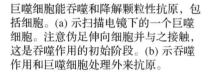

(b)

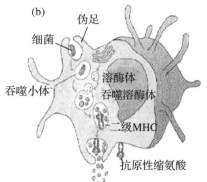

巨噬细胞能吞噬和降解颗粒性抗原,包括细胞。(a) 示扫描电镜下的一个巨噬细胞。注意伪足伸向细胞并与之接触,这是吞噬作用的初始阶段。(b) 示吞噬作用和巨噬细胞处理外来抗原。

大多数通过消化而来的可吸收物质是胞外分泌的,但一些缩氨酸的产物会与二级MHC分子结合,形成配合物,转运到细胞表面,递呈给T细胞。

图 9-7　巨噬细胞的吞噬消化作用

三、B 细胞

B 细胞是参与体液免疫应答的重要免疫细胞,也是一类重要的专职 APC。B 细胞高表达 MHC-Ⅱ类分子,能摄取、加工处理抗原,并将抗原肽-MHC-Ⅱ复合物表达于细胞表面,递呈给 Th 细胞,主要通过 B 细胞表面 BCR 可特异性识别和结合抗原,再进行内吞。此效应具有浓缩抗原的效应,在抗原浓度非常低的情况下是有效摄入和向 Th 细胞递呈抗原的方式。另外,BCR 在特异性识别和结合抗原的同时,也向 B 细胞提供了第一活化信号,故此途径对激发针对 TD 抗原的体液和细胞免疫应答均具有重要意义(图 9-8)。

9-6　知识点测验题

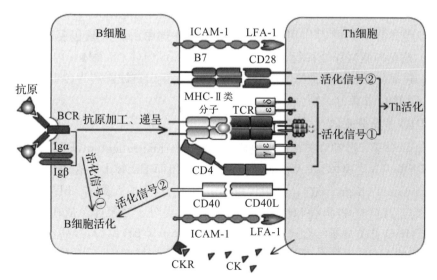

图 9-8　B 细胞与 Th 细胞间的相互作用

第三节　抗原递呈

　　T 细胞借助其表面 TCR 识别抗原物质,但一般不能直接识别可溶性蛋白抗原,而仅识别与 MHC 分子结合成复合物的抗原肽:CD4⁺ T 细胞识别 APC 表面抗原肽-MHC-Ⅱ类分子复合物;CD8⁺ 细胞识别靶细胞表面抗原肽-MHC-Ⅰ类分子复合物。细胞将胞浆内自身产生或摄入胞内的抗原消化降解为一定大小的抗原肽片段,以适合与胞内 MHC 分子结合,此过程称为抗原加工(antigen processing)或抗原处理。抗原肽与 MHC 分子结合成抗原肽-MHC 分子复合物,并表达在细胞表面,以供 T 细胞识别,此过程称为抗原递呈(antigen presenting)。APC 或靶细胞对抗原进行加工与递呈,是 TD 抗原诱导特异性免疫应答的前提。

9-7　微课视频:
APC 与 T 细胞

9-8　知识点课件:
APC 与 T 细胞

　　根据被递呈抗原的来源不同,可将其分为:

　　1. 外源性抗原(exogenous antigen)　来源于细胞外的抗原,如被吞噬的细胞、细菌或某些自身成分等。APC 加工处理外源性抗原后形成的抗原肽,常由 MHC-Ⅱ类分子递呈给 CD4⁺ T 细胞,此为溶酶体途径或 MHC-Ⅱ类途径。

　　2. 内源性抗原(endogenous antigen)　是细胞内合成的抗原,如病毒感染细胞所合成的病毒蛋白、肿瘤细胞合成的蛋白以及胞内某些自身正常成分等。内源性抗原在胞内加工后形成的抗原肽则与 MHC-Ⅰ类分子结合,递呈给 CD8⁺ T 细胞,此为胞质溶胶途径或 MHC-Ⅰ类途径。

一、外源性抗原的加工、处理和递呈

(一)外源性抗原的加工处理

　　APC 通过胞吞作用(endocytosis)[或称内化作用(internalization)]摄入外源性抗原,包括吞噬、吞饮或受体介导的内吞作用。所摄入的外源性抗原由胞浆膜包裹,在胞内形成内体(endosome),逐渐向胞浆深处移行,并与溶酶体融合形成内体/溶酶体。内体/溶酶体中含有组织蛋白酶、过氧化氢酶等多种酶,且为酸性环境,可使蛋白抗原降解为含 13～18 个氨基酸的肽段,适合与 MHC-Ⅱ类分子结合。

(二)MHC-Ⅱ类分子的生成和转运

　　MHC-Ⅱ类分子 α 链和 β 链在粗面内质网(endoplasmic reticulum,ER)中生成,并在钙联蛋白参与下折叠成异二聚体,插入粗面内质网膜中。粗面 ER 膜上存在 Ia 相关的恒定链(Ia-associated invariant chain,Ii 链),与 MHC-Ⅱ类分子结合,形成九聚体(abIi)₃复合物。Ii 链的作用是:①参与 α 链和 β 链折叠和组装,促进 MHC-Ⅱ类分子二聚体形成;②阻止粗面 ER 中内源性肽与 MHC-Ⅱ类分子结合;③促进 MHC-Ⅱ类分子从 ER 移行,经高尔基体进入 MⅡC。

　　胞内合成的 MHC-Ⅱ类分子被高尔基体转运至一囊泡样腔室,后者称为 MHC-Ⅱ类分子腔室(MHC class Ⅱ compartment,MⅡC)。含外来抗原多肽的内体/溶酶体可与 MⅡC 融合。随后,在酸性蛋白酶作用下,使与 MHC-Ⅱ类分子结合的 Ii 链被部分降解,仅在 MHC-Ⅱ类分子抗原肽结合槽中残留一小段,称为Ⅱ类分子相关的恒定链多肽(class Ⅱ-associated invariant chain peptide，CLIP）。

（三）MHC-Ⅱ类分子组装和递呈抗原肽

MHC-Ⅱ类分子的 α_1 和 β_1 功能区折叠为 2 个 α 螺旋和 1 个 β 片层，形成抗原肽结合沟槽，其两端为开放结构，使与之结合的多肽在 N 端及 C 端可适当延伸，最适的多肽长度为 13～18 个氨基酸。

存在于 MⅡC 中的 MHC-Ⅱ类分子，其抗原肽结合沟槽由 CLIP 占据，故不能与抗原肽结合。HLA-DM 分子（属非经典 MHC-Ⅱ类分子）可使 CLIP 与抗原肽结合沟槽解离，此时抗原肽才可与 MHC-Ⅱ类分子结合为复合物。抗原肽-MHC-Ⅱ类分子复合物随 MHC 向细胞表面移行，通过胞吐作用（exocytosis）而表达于细胞表面，供 CD4⁺ T 细胞识别，完成外源性抗原肽递呈过程（图 9-9）。

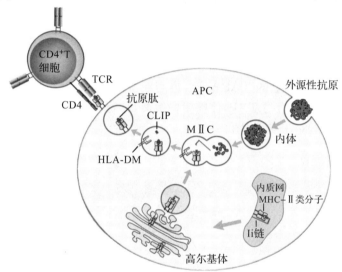

图 9-9　外源性抗原的加工、处理和递呈

二、内源性抗原的加工、处理和递呈

（一）内源性抗原的加工处理和转运

胞内合成的内源性抗原在胞浆内被处理和转运。内源性抗原在多种酶和 ATP 的作用下与泛素结合，泛素化的内源性抗原被解除折叠，以线形进入蛋白酶体（proteosome）。蛋白酶体（20S）是存在于细胞内的一种大分子蛋白质水解酶复合体，具有广泛的蛋白水解活性。蛋白酶体为中空（孔径约为 1～2nm）的圆柱体结构，内源性蛋白通过蛋白酶体的孔道，可被降解为含 6～30 个氨基酸的多肽片段。蛋白酶体由 4 个各含 7 个球形亚单位的圆环串接而成，其具有酶活性的组分主要是两种低分子多肽（low molecular peptide，LMP），包括 LMP2 和 LMP7（属于非经典 MHC-Ⅱ类基因产物）。

经蛋白酶体降解的抗原肽片段须进入内质网才能与 MHC-Ⅰ类分子结合，该过程依赖于 ER 的抗原加工相关转运体（transporter associated with antigen processing，TAP）。TAP 由 TAP1 和 TAP2 两个亚单位组成，是 ER 膜上的跨膜蛋白，各跨越 ER 膜 6 次，共同在 ER 膜上形成孔道。

胞浆中的抗原肽先与 TAP 的胞浆区结合，在 TAP 分子的 ATP 结合结构域作用下，使

ATP 降解，导致 TAP 异二聚体结构改变，孔道开放，抗原肽通过孔道进入 ER 腔。

TAP 可选择性转运适合与 MHC-Ⅰ类分子结合的肽段，其机制为：①TAP 能选择性转运含 8～12 个氨基酸、适合与 MHC-Ⅰ类分子结合的抗原肽；②TAP 优先选择 C 端为碱性或疏水性残基的多肽片段，这些残基乃抗原肽与 MHC-Ⅰ类分子结合的锚着残基。

(二)MHC-Ⅰ类分子的生成和组装

MHC-Ⅰ类分子的重链（α 链）和轻链（$\beta_2 m$）在粗面 ER 中合成后，被转运至光面 ER。在 ER 中，MHC-Ⅰ类分子须立即与某些伴随蛋白（chaperone）[如钙联蛋白（calnexin）、钙网蛋白（calreliculin）和 tapasin]结合。此类蛋白的作用是：参与 α 链的折叠及与 $\beta_2 m$ 组装成完整的 MHC-Ⅰ类分子；保护 α 链不被降解；帮助 MHC-Ⅰ类分子与 TAP 结合。

(三)MHC-Ⅰ类分子组装和递呈抗原肽

在伴随蛋白参与下，MHC-Ⅰ类分子组装为二聚体，其 α 链的 α_1 及 α_2 功能区构成抗原肽结合沟槽，沟槽的两个侧面为 α 螺旋，底面为 β 片层结构。MHC-Ⅰ类分子沟槽纵向的两端是封闭的，能结合含 8～12 个氨基酸的多肽。

MHC-Ⅰ类分子与 ER 上的 TAP 相连，再与经 TAP 转运的抗原肽结合，形成抗原肽-MHC-Ⅰ类分子复合物，然后与 TAP、伴随蛋白解离，移行至高尔基体，通过分泌囊泡再移行至细胞表面，递呈给 CD8[+] T 细胞(图 9-10)。

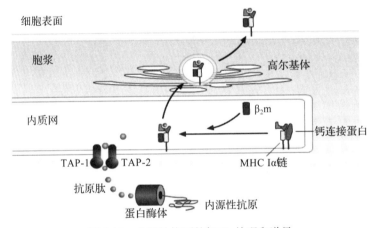

图 9-10 内源性抗原的加工、处理和递呈

第四节 APC 与 T 细胞的相互作用

APC 将抗原递呈给特异性 T 细胞，该过程涉及两种细胞表面多种分子间的相互作用，形成免疫突触(immune synapse)。

一、T 细胞与 APC 的非特异性结合

初始 T 细胞进入淋巴结皮质区深部，即与该处 APC(成熟 DC 等)接触，T 细胞表面的黏附分子(LFA-1、CD2、ICAM-3)与 APC 表面相应受体(ICAM-1 或 ICAM-2、LFA-3)短暂结合(图 9-11)。这种非特异性、可逆性的结合，可为 TCR 提供机会，从 APC 表面大量抗原肽-

MHC 分子复合物中筛选特异性抗原肽。若未能遭遇特异性抗原，T 细胞即与 DC 分离，离开淋巴结而进入血液循环。

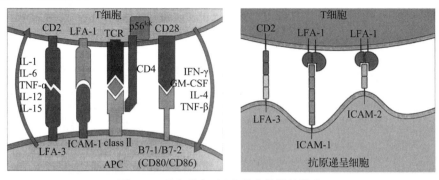

图 9-11　T 细胞与 APC 的非特异性结合

二、T 细胞与 APC 的特异性结合

上述 APC 与 T 细胞短暂结合过程中，若 TCR 遭遇特异性抗原肽，则 T 细胞与 APC 发生特异性结合，并由 CD3 分子向胞内传递特异性识别信号，导致 LFA-1 变构并增强其与 ICAM 的亲和力，从而稳定并延长 APC 与 T 细胞间的接触（可持续数天），以有效诱导抗原特异性 T 细胞激活和增殖。增殖的子代细胞仍与 APC 黏附，直至分化为效应细胞

此外，在 T 细胞与 APC 的特异性结合中，T 细胞表面 CD4 与 CD8 分子是 TCR 识别抗原的共受体（co-receptor）。CD4 和 CD8 可分别与 APC（或靶细胞）表面 MHC-Ⅱ 和 MHC-Ⅰ 类分子结合，从而增强 TCR 与特异性抗原肽-MHC 分子复合物结合的亲和力，使 T 细胞对抗原应答的敏感性增强（约 100 倍）（图 9-12）。

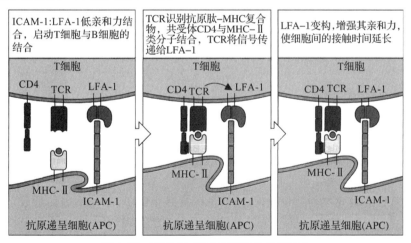

图 9-12　TCR 与 APC 的特异性稳定结合

三、T 细胞和 APC 表面共刺激分子的结合

APC 和 T 细胞表面均表达多种参与两类细胞相互作用的黏附分子对，又称共刺激分子（co-stimulatory molecule），它们的结合有助于维持、加强 APC 与 T 细胞的直接接触，并为 T 细胞激活提供共刺激信号（co-stimulatory signal）。

四、T 细胞活化、增殖和分化

在通常情况下,体内表达某一特异性 TCR 的 T 细胞克隆仅占总 T 细胞库的 $1/10^5 \sim 1/10^4$。数量极少的特异性 T 细胞仅在被抗原激活后,通过克隆扩增而产生大量效应细胞,才能有效发挥作用。

(一)T 细胞活化

接受抗原刺激后,T 细胞的完全活化有赖于双信号和细胞因子的作用(图 9-13)。

1.T 细胞活化的第一信号　APC 将抗原肽-MHC 分子复合物递呈给 T 细胞,TCR 特异性识别结合于 MHC 分子凹槽中的抗原肽,引起 TCR 交联并启动抗原识别信号(即第一信号),导致 CD3 和共受体(CD4 或 CD8)分子的胞浆段尾部相聚,激活与胞浆段尾部相连的酪氨酸激酶,促使含酪氨酸的蛋白磷酸化,启动激酶活化的级联反应,最终通过激活转录因子而导致细胞因子及其受体等的基因转录和产物合成。

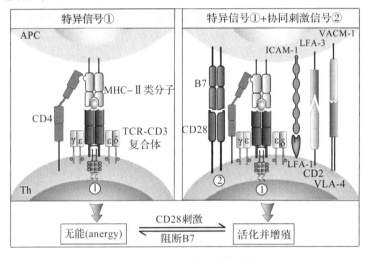

图 9-13　T 细胞活化相关信号分子

2.T 细胞激活的第二信号　仅有 TCR 来源的抗原识别信号尚不足以有效激活 T 细胞。APC 和 T 细胞表面多种黏附分子对(如 CD28/B7、LFA-1/ICAM-1 或 ICAM-2、CD2/LFA-3 等)结合,可向 T 细胞提供第二激活信号(即共刺激信号),从而使 T 细胞完全活化。

CD28/B7 是重要的共刺激分子,其主要作用是促进 IL-2 合成。在缺乏共刺激信号的情况下,IL-2 合成受阻,则抗原刺激非但不能激活特异性 T 细胞,反而导致 T 细胞无能(anergy)。激活的专职 APC 高表达共刺激分子,而正常组织及静止的 APC 则不表达或仅低表达共刺激分子。缺乏共刺激信号使自身反应性 T 细胞处于无能状态,从而有利于维持自身耐受。

此外,细胞毒性 T 淋巴细胞相关抗原 4(cytotoxic T lymphocyte-associated antigen 4,CTLA4,也称为 CD152)与 CD28 具有高度同源性,该分子与 B7 的亲和力比 CD28 高约 20 倍。CD28/B7 参与 T 细胞的激活,但在 T 细胞激活至峰值后 CTLA4 表达则增加,后者与 B7 结合可启动抑制性信号,从而有效制约特异性 T 细胞克隆过度增殖(图 9-14)。

3.细胞因子促进 T 细胞充分活化　除上述双信号外,T 细胞的充分活化还有赖于细胞因子参与。活化的 APC 和 T 细胞可分泌 IL-1、IL-2、IL-6,IL-12 等多种细胞因子,它们在 T 细胞激活中发挥重要作用。

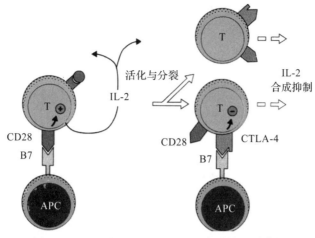

图 9-14 CD28/B7 和 CTLA4/B7 介导的不同效应

(二)T 细胞增殖和分化

1. T 细胞增殖、分化及其机制 激活的 T 细胞迅速进入细胞周期,通过有丝分裂而大量增殖,并分化为效应 T 细胞,然后离开淋巴器官随血液循环到达感染部位。多种细胞因子参与 T 细胞增殖和分化过程,其中最重要者为 IL-2。IL-2 受体由 α、β、γ 链组成:静止 T 细胞仅表达低亲和力 IL-2R(βγ);激活的 T 细胞可表达高亲和力 IL-2R(αβγ)并分泌 IL-2。通过自分泌及旁分泌作用,IL-2 与 T 细胞表面 IL-2R 结合,介导 T 细胞增殖和分化。此外,IL-4、IL-12、IL-15 等细胞因子也在 T 细胞增殖和分化中(尤其是 Th1 与 Th2 细胞的分化调控中)发挥重要作用。T 细胞的增殖、分化如图 9-15 所示。

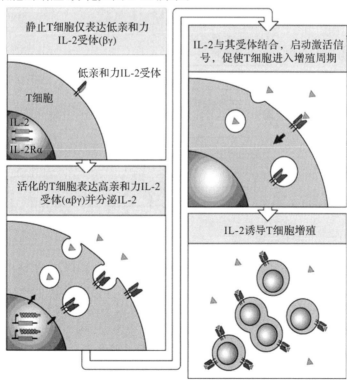

图 9-15 T 细胞的增殖、分化

　　T 细胞经迅速增殖 4～5d 后,分化为可高表达效应分子(包括膜分子和分泌型细胞因子等)的效应 T 细胞(Th 细胞或 CTL)。同时,部分活化的 T 细胞可分化为长寿命记忆性 T 细胞,在再次免疫应答中起重要作用。

　　2.CD4$^+$T 细胞的增殖、分化　初始 CD4$^+$T 被激活、增殖和分化为 Th0 细胞。局部微环境中存在的细胞因子种类是调控 Th0 细胞分化的关键因素,例如,IL-12 可促进 Th0 细胞定向分化为 Th1 细胞,IL-4 可促进 Th0 细胞分化为 Th2 细胞。Th0 细胞的分化方向是决定机体免疫应答类型的重要因素:Th1 细胞主要介导细胞免疫应答;Th2 细胞主要介导体液免疫应答。

　　3.CD8$^+$T 细胞的增殖和分化　初始 CD8$^+$T 细胞的激活主要有两种方式。

　　(1)Th 细胞非依赖性:如病毒感染的 DC,由于其高表达共刺激分子,可直接刺激 CD8$^+$T 细胞合成 IL-2,促使 CD8$^+$T 细胞自身增殖并分化为细胞毒 T 细胞,而无须 Th 细胞辅助。

　　(2)Th 细胞依赖性:CD8$^+$T 细胞作用的靶细胞一般仅低表达或不表达共刺激分子,不能激活初始 CD8$^+$T 细胞,而需要 APC 及 CD4$^+$T 细胞的辅助。

(三)活化 T 细胞的转归

　　1.活化 T 细胞转变为记忆 T 细胞,参与再次免疫应答　机体对特定抗原产生初次免疫应答后,部分活化的 T 细胞可转变为记忆 T 细胞(memory T cells,Tm)。当抗原再次进入机体,仅需少量抗原即可激活 Tm,迅速产生强烈、持久的应答。

　　2.活化 T 细胞发生凋亡,以及时终止免疫应答　活化的淋巴细胞发生凋亡有助于控制免疫应答强度,以适时终止免疫应答和维持自身免疫耐受。活化的淋巴细胞凋亡涉及两条途径(图 9-16)。

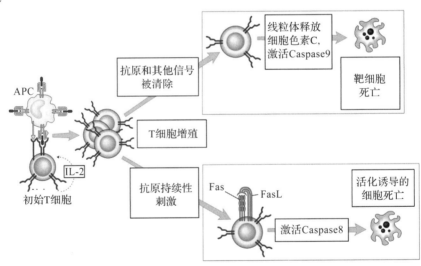

图 9-16　活化 T 细胞的凋亡

　　(1)活化诱导的细胞死亡(activation induced cell death,AICD):激活的 T 细胞可高表达死亡受体 Fas 及 Fas 配体(Fas ligand,FasL),两者结合后可启动 Caspase 酶联反应而导致细胞凋亡。AICD 有助于控制特异性 T 细胞克隆的扩增水平,从而发挥重要的负向免疫调节作用。

　　(2)被动细胞死亡(passive cell death,PCD):在免疫应答晚期,由于大量抗原被清除,淋巴细胞所接受的抗原刺激和生存信号及所产生的生长因子均减少,导致胞内线粒体释放细胞色素 C,通过 Caspase 酶联反应而致细胞凋亡。

9-9　知识点
测验题

第五节　B 细胞介导的体液免疫应答

许多引起感染性疾病的细菌存在于细胞外,同时多数胞内寄生病原体的传播是通过细胞外间隙从一个细胞转移至另一细胞。这些存在于细胞外的病原体主要由 B 细胞介导的体液免疫应答进行清除。

成熟的初始 B 细胞离开骨髓进入外周循环,这些细胞若未遭遇相应抗原,即在数周内死亡;若遭遇特异性抗原,则发生活化、增殖,并分化成浆细胞(图 9-17),通过产生和分泌抗体而发挥清除病原体的作用。在 B 细胞应答中,由浆细胞产生的抗体(存在于体液中)是主要的效应分子,故将此类应答称为体液免疫应答(humoral immunity)。

9-10　微课视频:
体液免疫应答

9-11　知识点课件:
体液免疫应答

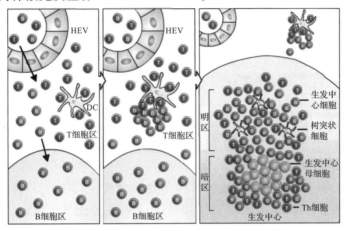
图 9-17　B 细胞的激活及生发中心的形成

B 细胞应答的过程随刺激机体的抗原种类的不同而不同。在 TD 抗原刺激下,B 细胞应答依赖 Th 细胞辅助(通常为 Th2 细胞);在 TI 抗原刺激下,B 细胞可直接产生应答(图 9-18)。

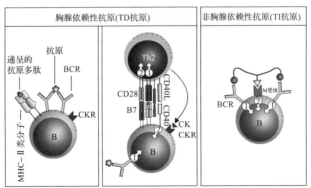
图 9-18　TD 抗原、TI 抗原激活 B 细胞示意图

一、B 细胞对抗原的识别

(一)B 细胞对 TI 抗原的识别

细菌多糖、多聚鞭毛蛋白、脂多糖等属胸腺非依赖性抗原(TI 抗原),其主要特征是不易降

解,能激活初始 B 细胞而无须 Th 细胞辅助。TI 抗原主要激活 CD5$^+$B1 细胞,所产生的抗体主要为 IgM。此类 B 细胞应答不受 MHC 限制,亦无须 APC 和 Th 细胞辅助。一般而言,由于无特异性 T 细胞辅助,TI 抗原不能诱导抗体类型转换、抗体亲和力成熟和记忆性 B 细胞形成(即无免疫记忆)。

高剂量 TI 抗原(如 LPS)可非特异性激活多克隆 B 细胞,故将其称为 B 细胞丝裂原。但是,低剂量 TI-1 抗原(为多克隆激活剂量的 $10^{-5} \sim 10^{-3}$)仅激活表达特异性 BCR 的 B 细胞,因为此类 B 细胞的 BCR 可从低浓度抗原中竞争性结合到足以激活自身的抗原量(图 9-19)。

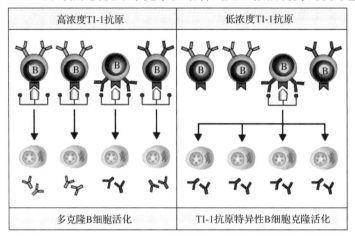

图 9-19　TI 抗原诱导 B 细胞的激活

(二)B 细胞对 TD 抗原的识别

B 细胞针对 TD 抗原的应答需抗原特异性 T 细胞辅助(图 9-20)。与 TCR 不同,BCR 分子可变区能直接识别天然抗原决定簇,而无须 APC 对抗原的处理和递呈。必须指出的是,虽然抗原特异性 B 细胞与 Th 细胞所识别的表位不同,但两者需识别同一抗原分子的不同表位,才能相互作用。

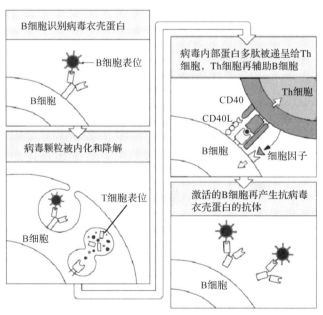

图 9-20　B 细胞对 TD 抗原的识别

BCR 识别抗原对 B 细胞激活有两个作用：①BCR 特异性结合抗原，向 B 细胞内传递抗原刺激信号；②BCR 特异性结合抗原，通过内化作用将其摄入胞内，并将抗原降解为肽段，形成抗原肽-MHC-Ⅱ类分子复合物，供抗原特异性 Th 细胞识别。

二、B 细胞活化、增殖和分化

(一)B 细胞活化

与 T 细胞相似，B 细胞活化也需要双信号和细胞因子参与。

1.B 细胞激活的特异性抗原识别信号(第一信号)　BCR 与特异性抗原表位结合，启动第一信号，并由 Igα/Igβ 将信号传入 B 细胞内。B 细胞表面的 BCR 共受体复合物(CD21-CD19-CD81)在 B 细胞活化中发挥如下重要作用：①可使 B 细胞对抗原刺激的敏感性明显增强；②对结合有补体片段的免疫复合物或抗原，BCR 可特异性识别其中的抗原组分，而 BCR 共受体的 CD21 可与补体片段(如 C3d)结合，通过受体/共受体交联，使 CD19 胞内段与酪氨酸激酶相连，使 Igα/Igβ 相关的酪氨酸激酶磷酸化，通过一系列级联反应，使 B 细胞激活和增殖(图 9-21)。

2.B 细胞激活的共刺激信号(第二信号)
B 细胞激活有赖于 T 细胞辅助，通过 B 细胞与 Th 细胞间复杂的相互作用，B 细胞获得其活化所必需的共刺激信号。

(1)初始 Th 细胞激活：初始 Th 细胞特异性识别 APC(主要是 DC)所递呈的抗原肽-MHC-Ⅱ类分子复合物而被激活，在外周淋巴组织(如淋巴结等)的 T 细胞区增殖，并分化为效应 Th 细胞。

(2)Th 细胞与特异性 B 细胞的结合：循环中的 B 细胞进入外周淋巴组织后，多数未受抗

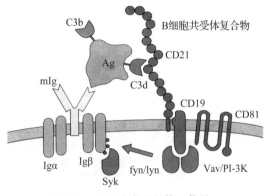

图 9-21　B 细胞激活的第一信号

原刺激的 B 细胞迅速穿越 T 细胞区进入 B 细胞区(初级淋巴滤泡)。已被抗原刺激的特异性 B 细胞，与相应的抗原特异性 Th 细胞相遇，被阻留在 T 细胞区，并发生复杂的相互作用：①Th 细胞的 TCR 特异性识别并结合 B 细胞表面的抗原肽-MHC-Ⅱ类分子复合物，由此，T 细胞和 B 细胞识别同一抗原的不同表位；②效应 Th 细胞与 B 细胞表面的多种黏附分子对(如 LFA3/CD2、ICAM-1 或 -3/LFA1、MHC-Ⅱ类分子/CD4 等)相互作用，使 T 细胞与 B 细胞的特异性结合更为牢固。

(3)特异性 B 细胞活化：效应 Th 细胞识别 B 细胞递呈的特异性抗原，诱导性表达多种膜分子，其中最重要者为 CD40L。Th 细胞表面 CD40L 可与 B 细胞表面 CD40 结合，是向 B 细胞提供共刺激信号的最重要分子对，其主要效应为：促进 B 细胞进入增殖周期；上调 B 细胞表达 B7 分子，以增强 B 细胞对 Th 细胞的激活作用；促进生发中心发育及抗体类别转换。

3.细胞因子的作用　巨噬细胞分泌的 IL-1 和 Th2 细胞分泌的 IL-4 等细胞因子也参与 B 细胞活化，诱导 B 细胞依次表达 IL-2R 及其他细胞因子受体，与 Th 细胞分泌的相应细胞因子发生反应。细胞因子的参与是 B 细胞充分活化和增殖的必要条件。细胞因子在 B 细胞活化中的作用如图 9-22 所示。

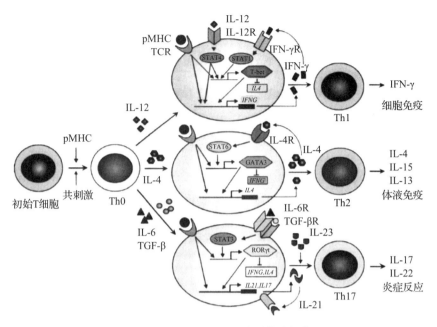

图 9-22　细胞因子在 B 细胞活化中的作用

(二)B 细胞的增殖、分化

　　活化的 B 细胞表面表达多种细胞因子受体,可响应 Th 细胞所分泌细胞因子的作用,其中,IL-2、IL-4 和 IL-5 可促进 B 细胞增殖;IL-5、IL-6 等可促进 B 细胞分化为能产生抗体的浆细胞(plasma cell,PC),一部分 B 细胞分化转化为记忆性 B 细胞(memory B cell)。记忆性 B 细胞为长寿命、低增殖细胞,其表达膜 Ig,但不能大量产生抗体,一旦再次遭遇同一特异性抗原,即迅速活化、增殖、分化,产生大量高亲和力特异性抗体(图 9-23)。

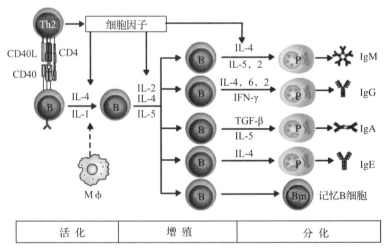

图 9-23　B 细胞活化过程示意图

三、抗体产生的一般规律

　　病原体初次侵入机体所引发的应答称为初次应答(primary response)。在初次应答的晚期,随着抗原被清除,多数效应 T 细胞和浆细胞均发生死亡,同时抗体浓度逐渐下降(图 9-24)。但是,应答过程中所形成的记忆性 T 细胞和 B 细胞具有长寿命而得以保存,一旦再次遭遇相同抗原刺激,记忆性淋巴细胞可迅速、高效、特异地产生应答,此即再次应答(secondary response)。

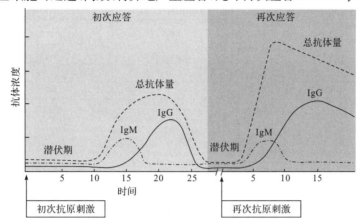

图 9-24　抗体产生的一般规律

(一)初次应答

机体初次接受适量 Ag 免疫后,需经一定的潜伏期,才能在血清中出现 Ab,该种 Ab 含量低,持续时间短,这种现象称为初次应答。TD 抗原以产生 IgM 为主,IgG 出现较晚。

(二)再次应答

同一抗原再次侵入机体,免疫系统可迅速、高效地产生特异性应答。由于记忆性 B 细胞表达高亲和力 BCR,可竞争性结合低剂量抗原而被激活,故仅需很低抗原量即可有效启动再次应答。在再次应答过程中,记忆性 B 细胞作为 APC 摄取、处理抗原,并将抗原递呈给记忆性 Th 细胞。激活的 Th 细胞所表达的多种膜分子和大量分泌型细胞因子又作用于记忆性 B 细胞,使之迅速增殖并分化为浆细胞,合成和分泌 Ab,Ab 含量大幅度上升,且维持时间长久。

特点:①潜伏期明显缩短;②产生高水平 Ab;③Ab 绝大部分为 IgG。IgM 与初次应答相似。

初次与再次免疫应答的特性比较见表 9-1。

表 9-1　初次与再次免疫应答的特性比较

特　　性	初次应答	再次应答
抗原递呈	非 B 细胞	B 细胞
抗原浓度	高	低
抗体产生潜伏期	5～10d	2～5d
高峰浓度	较低	较高
维持时间	短	长
Ig 类别	主要为 IgM	IgG、IgA
亲和力	低	高
无关抗体	多	少

四、B 细胞应答的效应

B 细胞应答的主要效应分子为特异性抗体,它可通过多种机制发挥免疫效应,以清除非己抗原(图 9-25)。

1. 中和作用　中和毒素和病原体,阻止其入侵宿主细胞。

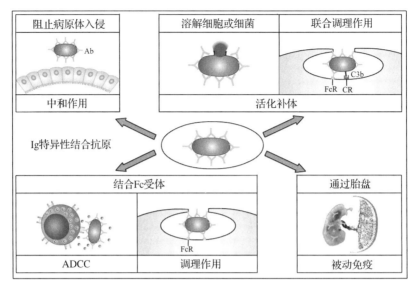

图 9-25　B 细胞应答的效应

2. 免疫调理作用　IgG、IgA 抗体借助其 Fab 段与病原体结合,借助其 Fc 段与吞噬细胞表面的 FcR 结合,从而促进吞噬细胞吞噬病原体,此效应即抗体介导的调理作用。

3. 激活补体　IgG 和 IgM 类抗体与抗原结合形成免疫复合物,可通过经典途径激活补体系统,从而发挥补体介导的杀菌、溶菌作用。另外,补体激活所产生的 C3b 结合在病原体表面,可与吞噬细胞表面的 C3bR 结合,从而促进吞噬细胞吞噬病原体,此为补体介导的调理作用。

4. 抗体依赖细胞介导的细胞毒作用(ADCC)　抗体 IgG 的 Fab 段与抗原结合,Fc 段与 NK 细胞、巨噬细胞、中性粒细胞和嗜酸性粒细胞的 FcγRⅢ结合,介导效应细胞杀伤携带特异性抗原的靶细胞,此为 ADCC 作用。

5. 分泌型 IgA 的局部抗感染作用　分泌至呼吸道、消化道和生殖道黏膜表面的分泌型 IgA,可阻止细菌、病毒和其他病原体入侵。

6. 免疫损伤作用

(1)超敏反应与自身免疫病:由抗体引起的免疫损伤可见于Ⅰ、Ⅱ、Ⅲ型超敏反应和自身免疫病。Ⅰ型超敏反应由 IgE 介导,Ⅱ、Ⅲ型超敏反应由 IgG、IgM 介导。某些自身免疫病损伤与Ⅱ、Ⅲ型超敏反应有关。

(2)移植排斥反应:受者体内存在针对移植物抗原的预存抗体(IgG),可导致超急性排斥反应。另外,体液免疫应答在急、慢性排斥反应中也有一定作用。

(3)促进肿瘤生长:肿瘤患者产生的某些 IgG 亚类可作为封闭因子,阻碍特异性 CTL 识别和杀伤肿瘤细胞,从而促进肿瘤生长。

9-12　知识点测验题

第六节 T 细胞介导的细胞免疫应答

T 细胞介导的细胞免疫应答通常由 TDAg 引起,在多种免疫细胞和 CK 协同作用下完成(图 9-26),其中免疫细胞包括:

1. APC:如 Mφ、树突状细胞、病毒感染的靶细胞等。
2. CD4⁺TH 细胞:具有免疫调节作用。
3. 效应 T 细胞:如 CD4⁺Th1、CD8⁺T 细胞(CTL)等。

9-13 微课视频:
细胞免疫应答

9-14 知识点课件:
细胞免疫应答

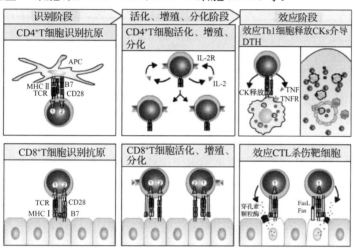

图 9-26 细胞免疫应答的基本过程

一、效应 T 细胞的生物学特征

由初始 T 细胞增殖、分化而来的效应 T 细胞具有如下特征:

1. 合成并分泌多种效应分子 效应 T 细胞可分泌多种活性分子,如细胞毒素(穿孔素、颗粒酶等)、蛋白酶、细胞因子等。

2. 膜分子表达及生物学活性发生明显改变 效应 T 细胞表达的膜分子不同于初始 T 细胞,并表现出生物学活性的明显改变。例如,高表达 FasL,可介导靶细胞凋亡;表达整合素(如 VLA-4),可促使效应 T 细胞与炎症部位血管内皮细胞黏附,有助于效应 T 细胞向感染部位浸润并发挥效应;高表达 CD2 和 LFA-1,可增强 T 细胞与靶细胞结合的亲和力。

二、CTL 介导的细胞毒效应

CTL 主要杀伤胞内寄生病原体(病毒、某些胞内寄生菌等)的宿主细胞、肿瘤细胞等。CTL 多为 CD8⁺T 细胞,可识别 MHC-Ⅰ类分子递呈的抗原;约 10%的 CTL 为 CD4⁺T 细胞,可识别 MHC-Ⅱ类分子递呈的抗原。CTL 可高效、特异性地杀伤靶细胞,而不损害正常组织。

1. 效-靶细胞结合 CD8⁺T 细胞在外周淋巴组织内增殖、分化为效应 CTL,在趋化因子作用下离开淋巴组织向感染灶集聚。

效应 CTL 高表达黏附分子(如 LFA-1、CD2 等),可有效结合表达相应受体(ICAM、LFS-3 等)的靶细胞。一旦 TCR 遭遇特异性抗原,TCR 的激活信号可增强效-靶细胞表面黏附分子对的亲和力,并在细胞接触部位形成紧密、狭小的空间,使 CTL 分泌的非特异性效应分子集中于此,从而选择性杀伤所接触的靶细胞,但不影响邻近正常细胞。

2. CTL 的极化(polarization)　CTL 的 TCR 与靶细胞表面肽-MHC-Ⅰ类分子复合物特异性结合后,TCR 及共受体向效-靶细胞接触部位聚集,导致 CTL 内亚显微结构极化,即细胞骨架系统(如肌动蛋白、微管)、高尔基复合体及胞浆颗粒等均向效-靶细胞接触部位重新排列和分布,从而保证 CTL 分泌的非特异性效应分子选择性作用于所接触的靶细胞。

3. 致死性攻击　CTL 主要通过两条途径杀伤靶细胞(图 9-27)。

(1)穿孔素/颗粒酶途径:穿孔素(perforin)是储存于胞浆颗粒中的细胞毒素,其生物学效应类似于补体激活所形成的膜攻击复合体(MAC)。穿孔素单体可插入靶细胞膜,在钙离子存在的情况下,聚合成内径为 16nm 的孔道,使水、电解质迅速进入细胞,导致靶细胞崩解。

颗粒酶(granzyme)也是一类重要的细胞毒素,属丝氨酸蛋白酶。颗粒酶随 CTL 脱颗粒而出胞,循穿孔素在靶细胞膜所形成的孔道进入靶细胞,通过激活与凋亡相关的酶系统而介导靶细胞凋亡。

(2)TNF 与 FasL 途径:效应 CTL 可分泌 TNF-α、TNF-β 并表达膜 FasL。这些效应分子可分别与靶细胞表面的 TNFR 和 Fas 结合,通过激活胞内 Caspase 系统,介导靶细胞凋亡。

CTL 的胞毒效应主要介导靶细胞凋亡,其生物学意义为:在清除感染细胞时,无细胞内容物(如溶酶体酶等)的外漏,可保护正常组织细胞免遭损伤;靶细胞凋亡过程中激活内源性核苷酸内切酶,可降解病毒 DNA,从而阻止细胞死亡所释放的病毒再度感染相邻正常组织细胞。

效应 CTL 杀死靶细胞后即与之脱离,并可再次与表达相同特异性抗原的靶细胞结合,对其发动攻击,从而高效、连续、特异性地杀伤靶细胞。

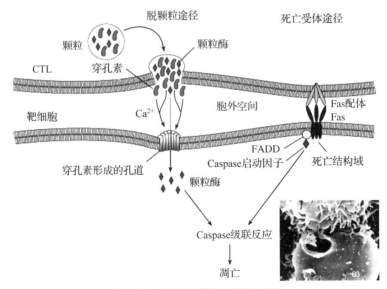

图 9-27　CTL 杀伤靶细胞的过程

三、Th1 细胞介导的细胞免疫效应

某些胞内寄生的病原体(如分支杆菌属的结核杆菌和麻风杆菌)可在巨噬细胞的吞噬小体内生长,并逃避特异性抗体和 CTL 的攻击。针对此类胞内寄生病原体,Th1 细胞可通过活化巨噬细胞及释放各种活性因子而攻击之(图 9-28)。

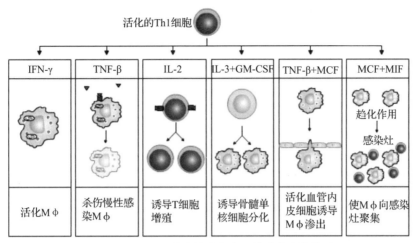

图 9-28　Th1 细胞在抗胞内病原体感染中的作用

1. Th1 细胞对巨噬细胞的作用　Th1 细胞可产生多种细胞因子,通过多途径作用于巨噬细胞。

(1)激活巨噬细胞:Th1 细胞与巨噬细胞所递呈的特异性抗原结合,可诱导巨噬细胞激活,其机制为:Th1 细胞诱生 IFN-γ 等巨噬细胞活化信号;Th1 细胞表面的 CD40L 与巨噬细胞表面的 CD40 结合,可向巨噬细胞提供敏感信号,从而有效激活之。

活化的巨噬细胞通过不同机制杀伤胞内寄生的病原体,例如:①产生 NO 和超氧离子;②促进溶酶体与吞噬体融合;③合成并释放各种抗菌肽和蛋白酶等。

另一方面,活化的巨噬细胞也可进一步增强 Th1 细胞的效应,其机制为:①激活的巨噬细胞高表达 B7 和 MHC-Ⅱ类分子,从而具有更强的递呈抗原和激活 CD4+T 细胞的能力;②激活的巨噬细胞分泌 IL-12,可促进 Th0 细胞向 Th1 细胞分化,进一步扩大 Th1 细胞应答的效应。

(2)诱生并募集巨噬细胞:其机制为:①Th1 细胞产生 IL-3 和 GM-CSF,促进骨髓造血干细胞分化为巨噬细胞;②Th1 细胞产生 TNF-α、TNF-β 和单核细胞趋化蛋白 1(monocyte chemoattractant protein 1,MCP-1)等,可分别诱导血管内皮细胞高表达黏附分子,促进巨噬细胞和淋巴细胞黏附于血管内皮,继而穿越血管壁,并通过趋化运动被募集至感染灶。

2. Th1 细胞对 T 细胞的作用　Th1 细胞产生 IL-2 等细胞因子,可促进 Th1 细胞、CTL 等增殖,从而放大免疫效应。

3. Th1 细胞对 B 细胞的作用　Th1 细胞也具有辅助 B 细胞的作用,促使其产生具有强调理作用的抗体,从而进一步增强巨噬细胞对病原体的吞噬。

4. Th1 细胞对中性粒细胞的作用　Th1 细胞产生淋巴毒素和TNF-α,可活化中性粒细胞,促进其杀伤病原体的作用。

9-15　章节作业

四、细胞免疫应答生物学效应

1. 抗胞内寄生性病原体感染。

2. 抗肿瘤免疫。

9-16　课外拓展

3.免疫损伤(某些自身免疫病、药物过敏反应和迟发型超敏反应)。

4.参与同种移植排斥反应和介导移植物抗宿主反应。

课后思考

9-17 课程
思政题

1.单核吞噬细胞系统、树突状细胞、B细胞的生物学特性是什么?

2.免疫应答包括哪些基本过程?

3.抗体的初次应答与再次应答各有何特点?

4.T、B细胞介导的免疫应答各有何特点?

5.机体免疫系统是如何清除癌变细胞的?

9-18 研究性
学习主题

6.入侵机体的病原微生物是如何被机体清除的?

7.同一种疫苗需要按照一定的免疫程序进行注射,为什么?

8.为什么说治疗癌症最好的方法是免疫疗法?其机制如何?

9.面对新冠病毒,为什么说免疫力是第一战斗力?

第十章

免疫学检测

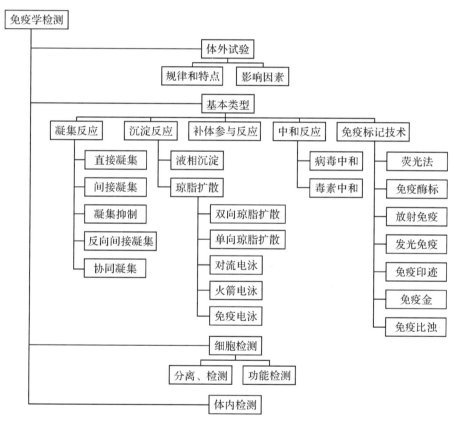

内容体系

免疫学检测
- 体外试验
  - 规律和特点　影响因素
- 基本类型
  - 凝集反应
    - 直接凝集
    - 间接凝集
    - 凝集抑制
    - 反向间接凝集
    - 协同凝集
  - 沉淀反应
    - 液相沉淀
    - 琼脂扩散
      - 双向琼脂扩散
      - 单向琼脂扩散
      - 对流电泳
      - 火箭电泳
      - 免疫电泳
  - 补体参与反应
  - 中和反应
    - 病毒中和
    - 毒素中和
  - 免疫标记技术
    - 荧光法
    - 免疫酶标
    - 放射免疫
    - 发光免疫
    - 免疫印迹
    - 免疫金
    - 免疫比浊
- 细胞检测
  - 分离、检测　功能检测
- 体内检测

课前思考

1. 如果要检测诸如抗原、抗体、MHC、补体、细胞因子等，该如何检测？为什么？
2. 如何确定组织中是否有相关的病原？
3. 如何确定细胞膜表面标志，如 CD3、CD4 等？
4. 如何测定淋巴细胞的功能？
5. 如何判别 B 淋巴细胞是否产生了抗体？

本章重点

1. 各种免疫检测方法的基本原理、特点。
2. 各类免疫检测方法的操作步骤。

教学要求

1. 掌握血清学试验的一般规律、影响因素。
2. 掌握抗原或抗体检测常用的方法（凝集试验、沉淀试验、免疫标记技术等）。
3. 熟悉免疫细胞的分离、鉴定方法。
4. 针对不同检测对象，能自主设计检测方法。

　　免疫学检测是对抗原、抗体、免疫细胞数量和种类及其分化功能等进行定性或定量检测。免疫学检测技术在医学生物学研究领域得到广泛应用，并在临床医学中用于免疫相关疾病的诊断、病情监测、疗效评价等。本章介绍免疫学常用检测技术的基本原理、方法及其应用。

第一节　检测抗原和抗体的体外试验

　　抗原和抗体体外试验是指通过抗原与相应抗体在体外发生的特异性结合反应（凝集、沉淀等）来观察、分析、鉴定。抗体主要存在于血清中，这种体外的抗原-抗体反应又称血清学反应（试验）

10-1　微课视频：检测的体外试验

　　抗原-抗体反应的检测技术主要应用于以下几方面：

　　（1）用已知抗原检测未知抗体。如临床上检测患者血清中抗病原微生物抗体、抗 HLA 的抗体、血型抗体以及各种自身抗体，用于诊断相关疾病；检测正常人群中注射某种疫苗后的抗体产生水平，来制定合理的免疫程序。

10-2　知识点课件：检测的体外试验

　　（2）用已知抗体检测未知抗原。如检测各种病原微生物及其大分子产物，用于病原微生物的鉴定与分型、血型检测、HLA 分型等。

　　（3）血液学及免疫细胞的检测。用单克隆抗体检测血液细胞，包括正常的和病理性的，进行免疫细胞的分类、鉴别等；抗血小板抗体及各种凝血因子的免疫学测定。

　　（4）定性或定量检测体内各种大分子物质（如各种血清蛋白、可溶性血型物质、多肽类激素、细胞因子及肿瘤标志物 AFP、CEA、PSA 等），用于相关疾病的诊断或辅助诊断。

　　（5）应用于内分泌检测（如 HCG、LH、FSH、T3、T4 等）、免疫因子（C3、C4、淋巴因子等）、用已知抗体检测某些药物、激素和炎症介质等各种半抗原物质，用于监测患者血清中药物浓度或运动员体内违禁药物水平等。

一、血清学试验的一般规律和特点

（一）用已知测未知

只有一种材料是未知的。

(二)试验和抑制试验

被相应的抗原或抗体所抑制,可以验证反应的特异性。

(三)特异性与交叉性

如变形杆菌与立克次体之间有共同的抗原决定簇,故斑疹伤寒患者血清可凝集 OX19 变形杆菌。为避免交叉反应干扰免疫学诊断,常采用吸收反应制备单价特异性抗血清,其原理是:将某一多价特异性抗血清与共同抗原(或称交叉抗原)反应,然后去除所形成的抗原-抗体复合物。用颗粒性抗原进行的吸收反应,称为凝集吸收反应。

(四)抗原、抗体的结合比例与"带现象"

若抗原、抗体的数量比例合适,抗体分子的两个 Fab 段分别与两个抗原决定簇结合,相互交叉形成体积大、数量多、肉眼可见的网格状复合体,基本不存在游离的抗原或抗体,即抗原-抗体反应的等价带,此时形成肉眼可见的反应物(沉淀物或凝集物)。

在抗原-抗体反应中,可能出现抗原或抗体过剩的情况,由于过剩一方的结合价不能被完全占据,多呈游离的小分子复合物形式,或所形成的复合物易解离,不能被肉眼看见,这个现象称为"带现象"(图 10-1)。

抗体过剩称前带,抗原过剩称后带,在检测中,应注意对抗原和抗体的浓度、比例进行适度的调整。

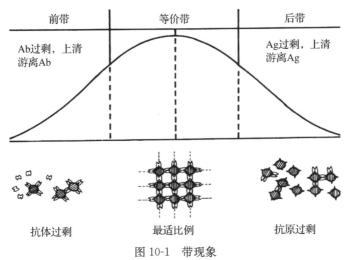

图 10-1　带现象

(五)特异性结合与反应的两个阶段

第一阶段:抗原-抗体特异性结合。特点:反应快,几秒至几分钟内完成,无肉眼可见的反应。

第二阶段:反应可见阶段。特点:出现凝集、沉淀、细胞溶解等现象,需几分钟至几天,受电解质、温度、pH 等影响。

(六)可逆性

抗原与抗体以分子表面的非共价结合成复合物,结合虽稳定但可逆,在一定条件下,可解离为游离的抗原、抗体,解离后的抗原和抗体仍保持原有的理化特性及生物学性状。

二、抗原-抗体反应的影响因素

(一)电解质

抗原、抗体有对应的极性基团,能相互吸附并由亲水性变为疏水性。电解质的存在使抗原-抗体复合物失去电荷而凝聚,出现可见反应,故免疫学试验中多用0.9%氯化钠溶液稀释抗原或抗体。

(二)酸碱度

抗原-抗体反应的最适pH是6~8,超出此范围可影响抗原、抗体的理化性状,出现假阳性或假阴性。

(三)温度

适当的温度可增加抗原与抗体分子碰撞的机会,加快两者结合速度,其最适温度为37℃。某些抗原-抗体反应有其独特的最适温度,如冷凝集素在4℃左右与红细胞结合最好,20℃以上反而解离。此外,适当振荡或搅拌也可促进抗原、抗体分子的接触,提高结合速度。

(四)抗原、抗体的性质

抗体的特异性和亲和力是决定抗原-抗体反应的关键因素。免疫早期动物所获抗血清的亲和力一般较低,而后期所得抗血清一般亲和力较高;单克隆抗体亲和力较低,一般不适用于低灵敏度的沉淀反应和凝集反应。此外,抗原理化性质、抗原决定簇多寡和种类等均可影响抗原-抗体反应。

抗原与抗体的浓度、比例对抗原-抗体反应的影响最大,是决定性因素。

第二节　抗原-抗体反应的基本类型

根据抗原的性质、结合反应的现象、参与反应的成分等因素,可将基于抗原-抗体反应的检测方法分为凝集反应、沉淀反应、补体参与的反应、中和反应以及免疫标记技术等。

10-3　微课视频:
凝集反应

一、凝集反应(agglutination)

细菌、红细胞等颗粒性抗原与相应抗体结合后,在一定条件下出现肉眼可见的凝集物,此为凝集反应。

10-4　知识点课件:
凝集反应

(一)直接凝集反应

细菌或红细胞与相应抗体直接反应,可出现细菌或红细胞凝集现象(图10-2)。

1.玻片法　定性。已知抗体与相应抗原在玻片上反应,用于抗原的定性检测(如ABO血型鉴定、细菌鉴定)。

2.试管法　定量。多用已知抗原测未知抗体的相对含量,用于诊断伤寒、副伤寒、布氏杆菌病。

方法:待检血清在试管内用0.9%氯化钠溶液倍比稀释,加入等量菌液,37℃数小时后观察结果(表10-1)。

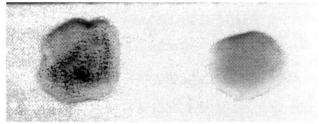

图 10-2 直接凝集反应示意图

表 10-1 试管倍比稀释法测定待检血清效价

	管号								
	1	2	3	4	5	6	7	8	9
生理盐水(mL)	0.9	0.5	0.5	0.5	0.5	0.5	0.5	0.5	0.5
受检血清(mL)	0.1	0.5	0.5	0.5	0.5	0.5	0.5	0.5 弃	0.5
血清稀释倍数	1:10	1:20	1:40	1:80	1:160	1:320	1:640	1:1280	—
诊断菌液(mL)	0.5	0.5	0.5	0.5	0.5	0.5	0.5	0.5	0.5
最终稀释倍数	1:20	1:40	1:80	1:160	1:320	1:640	1:1280	1:2560	—

观察每个试管内抗原的凝集程度。凝集分以下五级:

(1)++++:很强,细菌全部凝集,管内液体澄清,可见管底有大片边缘不整的白色凝集物,轻摇时可见明显的颗粒、薄片或絮状。

(2)+++:强,细菌大部分凝集,液体较浑浊,管底有边缘不整的白色凝集物,轻摇时也可见明显的颗粒、薄片或絮状。

(3)++:中等强度,细菌部分凝集,液体较浑浊,管底有少量凝集物呈颗粒状。

(4)+:弱,细菌仅有少量凝集,液体浑浊,管底凝集物呈颗粒状,较小而不易观察。

(5)-:不凝集,液体浑浊度、管底沉积物与对照管相似。

通常以出现明显凝集现象(++)的血清最高稀释度为该血清的抗体效价。

(二)间接凝集反应

该反应将可溶性抗原包被在与免疫无关的载体颗粒表面,再与相应抗体反应,出现颗粒物凝集现象(图 10-3)。常用载体为人 O 型血红细胞、聚苯乙烯乳胶颗粒等。用途:检测血清中的自身抗体和抗微生物的抗体。

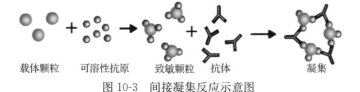

载体颗粒　可溶性抗原　致敏颗粒　抗体　凝集

图 10-3 间接凝集反应示意图

(三)间接凝集抑制试验

其原理是:将待测抗原(或抗体)与特异性抗体(或抗原)先行混合并作用一定时间,再加入相应致敏载体悬液;若待测抗原与抗体对应,即发生中和,随后加入的相应致敏载体颗粒不再被凝集,使本应出现的凝集现象被抑制(图 10-4)。此试验可用于检测抗原或抗体(如早孕的检

测),其灵敏度高于一般间接凝集试验。间接凝集抑制试验可用来检测可溶性抗原,如免疫妊娠诊断试验,具体方法如下:

(1)诊断抗原:HCG 致敏的乳胶颗粒。

(2)诊断血清:抗 HCG 的抗体。

(3)检测标本:尿液。是否含有 HCG?

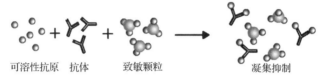

可溶性抗原   抗体   致敏颗粒   凝集抑制

图 10-4   间接凝集抑制试验示意图

(四)反向间接凝集试验

反向间接凝集试验是用特异性抗体致敏载体,检测标本中的相应抗原的反应(图 10-5)。反向间接凝集试验可用于检测乙型肝炎病毒表面抗原、甲胎蛋白、新型隐球菌荚膜抗原等。

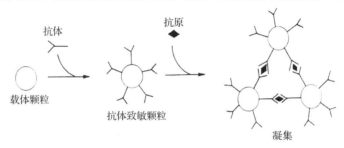

图 10-5   反向间接凝集试验示意图

(五)协同凝集试验

协同凝集试验(coagglutination test,COAG)的原理是:金黄色葡萄球菌蛋白 A(SPA),能与人和多种哺乳动物血清中的 IgG 分子的 Fc 片段结合,Fab 就暴露,能与相应抗原结合,产生协同凝集反应(图 10-6)。通常可用于检测传染病患者的血液、脑脊液和其他分泌物中可能存在的微量可溶性抗原,目前,已用于流行性脑脊髓膜炎(简称流脑)、伤寒、布氏菌病的早期诊断。

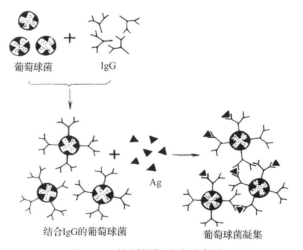

10-5   知识点
测验题

图 10-6   协同凝集试验示意图

二、沉淀反应

沉淀反应(precipitation)是将可溶性抗原(沉淀原)与相应抗体(沉淀素)结合后,在一定条件下出现肉眼可见的沉淀。该反应多用半固体琼脂凝胶作为介质进行琼脂扩散或免疫扩散,即可溶性抗原与抗体在凝胶中扩散,在比例合适处相遇即形成可见的白色沉淀。

10-6　微课视频:
沉淀反应

沉淀原,如内毒素、外毒素、菌体裂解液、血清、蛋白质、多糖、类脂等,其体积小,与抗体相比反应面积大,故试验时需对抗原进行稀释,以避免沉淀原过剩出现"后带现象",并以抗原稀释度作为沉淀试验的效价。

10-7　知识点课件:
沉淀反应

(一)液相沉淀试验——环状沉淀试验

已知抗血清＋待检抗原→液面交界处有白色环状沉淀,表示结果"＋"。可用来鉴别血迹性质、测定媒介昆虫的嗜血性、某些细菌的鉴定。

(二)琼脂扩散试验

用半固体琼脂凝胶作为介质进行琼脂扩散或免疫扩散,即可溶性抗原与抗体在凝胶中扩散,在比例合适处相遇即形成可见的白色沉淀。

1. 双向免疫扩散　双向免疫扩散(double immunodiffusion)是将抗原和抗体分别加入琼脂凝胶的小孔中,两者向四周自由扩散,在相遇处形成沉淀线。若反应体系中含两种以上抗原-抗体系统,则小孔间可出现两条以上沉淀线(图 10-7)。特点:敏感性不高,所需时间较长。用于:①定性检测可溶性抗原或抗体。②对复杂的抗原成分或抗原、抗体的提取纯度进行分析鉴定。③测定免疫血清的效价。

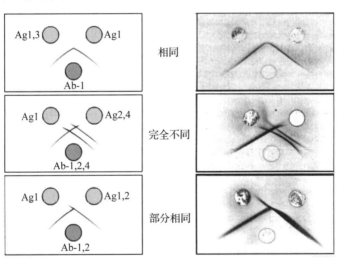

图 10-7　双向琼脂扩散试验

2. 单向免疫扩散　单向免疫扩散(single immunodiffusion)是将一定量已知抗体混于琼脂凝胶(45℃)中制成琼脂板,在适当位置打孔并加入抗原。抗原在扩散过程中与凝胶中的抗体相遇,形成以抗原孔为中心的沉淀环,环的直径与抗原含量呈正相关。取已知量抗原绘制标准曲线,可根据所形成沉淀环的直径,从标准曲线中查出待检标本的抗原含量(图 10-8)。

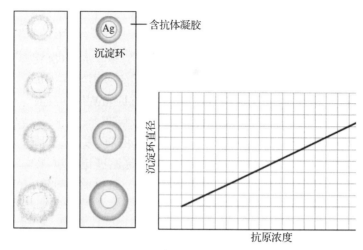

图 10-8   单向琼脂扩散试验

3. 对流免疫电泳   对流免疫电泳(counter immuno electrophoresis,CIE)又称免疫电渗电泳,是双向琼脂扩散与电泳技术相结合。试验在装有 pH 为 8.6 的缓冲液的电泳槽中进行(图 10-9)。

(1)原理:抗原和抗体在电泳时受两种作用力的影响,一种是电场力,使抗原和抗体由"－"极向"＋"极移动;另一种是电渗力,使抗原和抗体由"＋"极向"－"极移动。

通常,抗原等电点偏低(pH4~5),在碱性缓冲液(pH8.6)中所带负电荷较多,受电场力较大,而其相对分子质量较小,所受电渗作用影响小,合力结果是电场力大于电渗力。因此,通电后,抗原由"－"极向"＋"极移动。

抗体为球蛋白,等电点偏高(pH6~7),所带负电荷较少,受电场力影响较小,而其相对分子质量较大,所受电渗作用影响大,合力结果是电渗力大于电场力。因此,通电后,抗体由"＋"极向"－"极移动。两者相对而行,缩短了反应时间,提高了试验的敏感性。

(2)特点:操作简便,敏感性高,所需时间短,可用来检测血清中的 HBsAg 和 AFP 等可溶性抗原。

(3)方法:将抗原和抗体分别加入琼脂板孔中,通电进行电泳[电流为 4mA/cm(宽),端电压为 6V/cm],电泳 45~60min,洗色。

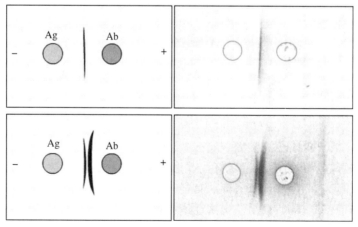

图 10-9   对流免疫电泳试验

4. 火箭电泳　火箭电泳(rocket electrophoresis),又称电泳免疫扩散,是单向琼脂扩散与电泳相结合的技术。本试验的敏感性与单向琼脂扩散相当,但所需时间短,故可用来测定标本中可溶性抗原的含量(图 10-10)。

试验时,将适当浓度的已知抗体加入融化(45℃)的琼脂中,混匀后浇注于玻璃板,制成凝胶板,将抗原加入孔中,在盛有 pH 为 8.6 的缓冲液的电泳槽中电泳,电流强度 3mA/cm(或电压 10V/cm),电泳时间为 2~10h。电泳后在比例最适处形成锥形沉淀峰。

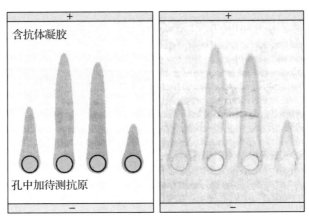

图 10-10　火箭电泳试验

5. 免疫电泳　免疫电泳(immunoelectrophoresis)是将琼脂电泳与双向琼脂扩散结合的技术。待检标本先在孔内电泳,将各种成分分开。再挖槽,加入相应抗体,进行双向琼脂扩散。

根据沉淀弧的数量、位置、形状,并通过与已知标准抗原相比,可对样品中所含成分及其性质作出判断(图 10-11)。

本试验样品用量小,特异性高,分辨力强,主要用于血清蛋白及抗体成分的分析研究,亦可用于抗原或抗体提取物的纯度鉴定。

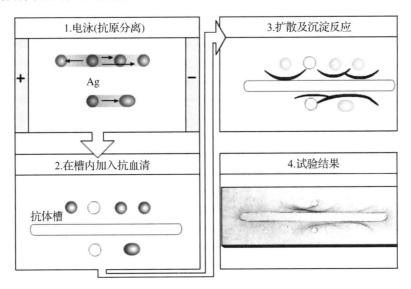

图 10-11　免疫电泳试验

三、补体参与的反应

1.溶菌反应　细菌与相应抗体结合,可激活补体,使细菌溶解。溶菌反应主要发生于霍乱弧菌等 G⁻菌,可用于细菌鉴定。

2.溶血反应　红细胞与相应抗体结合,通过激活补体使红细胞溶解,可作为补体结合试验的指示系统。

3.补体结合反应　是一种在补体参与的条件下,以绵羊红细胞和溶血素作为指示系统来测定有无相应抗原或抗体的血清学试验(图 10-12)。

10-8　微课视频:
补体与中和反应

10-9　知识点课件:
补体与中和反应

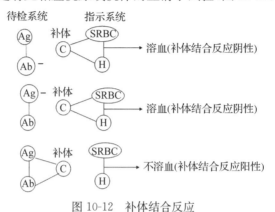

图 10-12　补体结合反应

SRBC:绵羊红细胞;H:溶血素(Ab)

四、中和试验

毒素、酶、激素和病毒等与相应抗体(中和抗体)结合,使之丧失生物学活性的反应称为中和反应。

1.病毒中和试验　是病毒在活体内或细胞培养中被特异性抗体中和而失去感染性的一种试验。检查患病后或人工免疫后机体血清中相应中和抗体的增长情况,也可用来鉴定病毒。

2.毒素中和试验　外毒素与相应抗毒素结合后丧失其毒性,分体内和体外两种。

例如:抗链球菌溶血素 O 试验。

乙型溶血性链球菌→溶血素(可溶解人、兔红细胞)→刺激机体产生抗毒素(抗体)。溶血素＋抗体→毒性丧失,不溶血。

患者血清(未知)＋溶血素 O(经一定时间)＋人红细胞→红细胞不被溶解——待检血清中有相应抗体,试验"＋"

中和试验常用于风湿病的临床辅助诊断。

五、免疫标记技术

免疫标记技术(immunolabelling technique)是用荧光素、酶、放射性核素或化学发光物质等标记抗体或抗原,进行抗原-抗体反应的检测。标记物与抗体或抗原连接后并不改变抗原-抗体的免疫特性,具有灵敏度高,快速,可定性、定量、定位等优点。

10-10　微课视频:
免疫标记技术

（一）免疫荧光法

免疫荧光法（immunofluorescence，IF）又称荧光抗体技术，用荧光素与抗体连接成荧光抗体，再与待检标本中抗原反应，置荧光显微镜下观察，抗原-抗体复合物散发荧光，借此对抗原进行定性或定位。

10-11 知识点课件：
免疫标记技术

荧光素：异硫氰酸荧光素（fluorescein isothiocyanate，FITC，黄绿色荧光）、乙基罗丹明 B（ethyl rhodamine B，橙色荧光）、四甲基异硫氰酸罗丹明（tetramethyl rhodamine isothiocynate，TRITC，橙红色）。

1. 直接荧光法　待检标本（固定在玻片上）＋已知荧光抗体→洗去游离的荧光抗体→干燥后，置荧光显微镜下观察（图 10-13）。

用途：病毒感染的细胞、携带某种特异性抗原的细胞的检测。

优点：方法简便、特异性高。

缺点：敏感性低，检测多种抗原需制备多种相应的荧光抗体标记物。

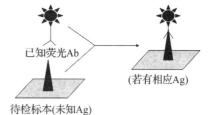

图 10-13　补体结合反应

2. 间接法　又称荧光-抗体法，用来检测标本中未知的抗原，或检测血清中未知抗体（图 10-14）。

（1）检测抗原。未标记抗体＋待检抗原（未知）→（冲洗）＋荧光标记抗体→冲洗、干燥，置荧光显微镜下观察。

（2）检测抗体。待检血清（未知抗体）＋抗原标本（已知）→（冲洗）＋荧光标记抗体→冲洗、干燥，置荧光显微镜下观察。

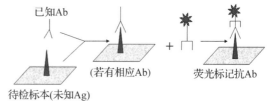

图 10-14　间接荧光法示意图

优点：敏感性高，制备一种荧光标记抗抗体即可对多种抗体-抗体系统进行检测。

缺点：易出现非特异性荧光。

3. 补体法　补体法的作用原理与间接法相似，只是抗原-抗体作用后，加入新鲜豚鼠血清（补体），通过激活补体形成抗原-抗体-补体（C3b）复合物，再用荧光素标记的抗 C3b 抗体染色，使上述复合物发出荧光（图 10-15）。

图 10-15　补体法示意图

（二）酶免疫测定法

酶免疫测定法（enzyme immunoassay，EIA）是将抗原-抗体反应的特异性与酶催化作用的高效性相结合，借助酶作用于底物的显色反应判定结果，用酶标测定仪做定性或定量分析。优点：敏感性高，特异性强，可定性、定量。

标记酶：

（1）辣根过氧化物酶（horseradish peroxidase，HRP）

底物：邻苯二胺（OPD，橙色），3,3′-二氨基联苯胺（DAB，黄褐色）。

（2）碱性磷酸酶

底物：对硝基苯磷酸盐（黄色）。

1. 酶联免疫吸附试验（enzyme linked immunosorbent assay，ELISA）　是利用抗原或抗体能非特异性吸附于聚苯乙烯等固相载体表面的特性，使抗原-抗体反应在固相载体表面进行的一种免疫酶技术。

（1）间接法：是用已知抗原检测未知抗体的一种检测方法。用已知抗原包被固相，加入待检血清标本，再加酶标记的二抗，加底物观察显色反应（图 10-16）。

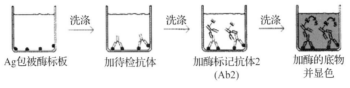

图 10-16　ELISA 间接法示意图

（2）双抗体夹心法：是用已知抗体检测未知抗原的一种检测方法。将已知抗体包被固相载体，加入的待检标本若含有相应抗原，即与固相表面的抗体结合，洗涤去除未结合成分，加入该抗原特异的酶标记抗体，洗去未结合的酶标记抗体，加底物后显色。若标本中无相应抗原，固相表面无抗原结合，加入的酶标记抗体不能结合于固相而可被洗涤去除，加入底物则无显色反应（图 10-17）。

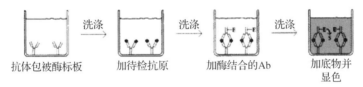

图 10-17　双抗体夹心法

（3）酶联免疫斑点试验（enzyme-linked immunospot assay，ELISPOT）：有两种方法。

①用已知抗原检测分泌性特异性抗体的 B 细胞：用已知抗原包被固相载体，B 细胞分泌的抗体与之结合，加入酶标记的抗 Ig 抗体，通过底物显色反应可检测 B 细胞分泌的特异性抗体。

②用抗细胞因子抗体检测细胞分泌的细胞因子：用抗细胞因子抗体包被固相载体，加入不同来源的细胞，细胞所分泌的细胞因子与包被抗体结合，再加入酶标记的抗细胞因子抗体，通过显色反应测定结合在固相载体上的细胞因子（定性或半定量），并可在光镜下观察分泌细胞因子的细胞（图 10-18）。

（4）生物素-亲和素法：生物素（biotin）又称维生素 H，是从卵黄和肝中提取的一种小分子物质（相对分子质量为 244.31）；亲和素（avidin）又称卵白素，是从卵白中提取的一种糖蛋白（相对分子质量为 68000）。每个亲和素分子有生物素结合的 4 个位点，两者可牢固结合成不可逆的复合物。生物素-亲和素的应用大致有三种方法（图 10-19）。

①标记亲和素-生物素法（labelled avidin-biotin method，LAB 法）：将亲和素与标记物（HRP）结合，一个亲和素可结合多个 HRP；将生物素与抗体（一抗与二抗）结合，一个抗体分子可连接多个生物素分子，抗体的活性不受影响。细胞的抗原（或通过一抗）先与生物素化的抗体结合，继而将标记亲和素结合在抗体的生物素上，如此多层放大提高了检测抗原的敏感性。

②桥连亲和素-生物素法（bridged avidin-biotin method，BAB 法）：先使抗原与生物素化的抗体结合，再以游离亲和素将生物素化的抗体与酶标生物素搭桥连接，也达到多层放大效果。

③亲和素-生物素-过氧化物酶复合物法（avidin-biotin-peroxidase complex method，ABC 法）：此法是前两种方法的改进，即先按一定比例将亲和素与酶标生物素结合在一起，形成亲和素-生物素-过氧化物酶复合物（ABC 复合物），标本中的抗原先后与一抗、生物素化二抗、ABC 复合物结合，最终形成晶格样结构的复合体，其中网络了大量酶分子，从而大大提高了检测抗原的灵敏度。

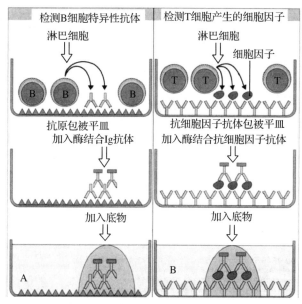

图 10-18　酶联免疫斑点试验示意图

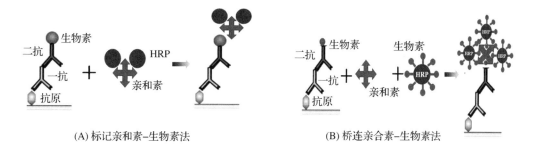

(A) 标记亲和素-生物素法　　　　　　　　　(B) 桥连亲合素-生物素法

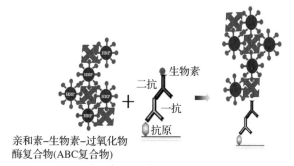

(C) 亲和素-生物素-过氧化物酶复合物法(ABC法)

图 10-19　生物素-亲和素法示意图

2.免疫组织化学技术　免疫组织化学技术(immunohitochemistry techenique),简称免疫组化技术,是应用免疫学基本原理——抗原-抗体反应,即抗原与抗体特异性结合的原理,通过化学反应使标记抗体的显色剂(荧光素、酶、金属离子、同位素)显色来确定组织细胞内抗原(多肽和蛋白质),对其进行定位、定性及定量研究的技术。免疫组织化学技术又称免疫细胞化学技术(immunocytochemistry technique)。

众所周知,抗体与抗原之间的结合具有高度的特异性。免疫组织化学技术正是利用这一特性,即先将组织或细胞中的某些化学物质提取出来,以其作为抗原或半抗原去免疫小鼠等实验动物,制备特异性抗体,再用这种抗体(第一抗体)作为抗原去免疫动物制备第二抗体,并用某种酶(常用辣根过氧化物酶)或生物素等处理后再与前述抗原成分结合,将抗原放大,由于抗体与抗原结合后形成的免疫复合物是无色的,因此还必须借助组织化学方法将抗原-抗体反应部位显示出来(常用显色剂 DAB 显示为棕黄色颗粒)。通过抗原-抗体反应及呈色反应,显示细胞或组织中的化学成分,在显微镜下可清晰看见细胞内发生的抗原-抗体反应产物,从而能够在细胞或组织原位确定某些化学成分的分布、含量。组织或细胞中凡是能做抗原或半抗原的物质,如蛋白质、多肽、氨基酸、多糖、磷脂、受体、酶、激素、核酸及病原体等都可用相应的特异性抗体进行检测。

免疫组织化学技术按照标记物的种类不同可分为免疫荧光法、免疫酶法、免疫铁蛋白法、免疫金法及放射免疫自影法等(图 10-20)。

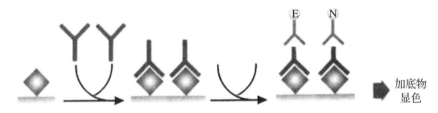

图 10-20　双标记免疫组织化学染色技术示意图

(三)放射免疫测定

放射免疫测定(radioimmunoassay,RIA)是将放射性同位素分析的高度灵敏性与抗原-抗体反应的高度特异性有效结合而建立的一种检测技术。

同位素:^{131}I、^{125}I、^{3}H、^{14}C、^{32}P 等。

特点:灵敏度高,能测出 ng/ml(μg/L),甚至 pg/ml(ng/L)水平的微量物质。试验快速、准确,可规格化,重复性好。

缺点:放射性同位素有一定的危害性,且易污染环境,因此其应用受到一定限制。

方法:①液相放射免疫测定;②固相放射免疫测定。

(四)化学发光免疫分析

将发光物质(如吖啶酯、鲁米诺等)标记抗原或抗体,发光物质在反应剂(如过氧化物阴离子)激发下生成激发态中间体,当回复至稳定的基态时发射光子,通过自动发光分析仪测定光子产量,可反映待检样品中抗体或抗原含量(图 10-21)。

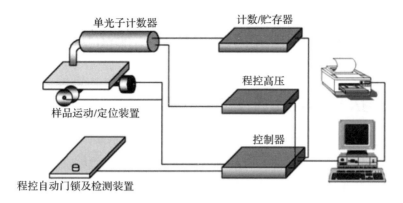

图 10-21　化学发光免疫分析技术

(五)免疫印迹法

免疫印迹法(immunoblot)又称 Western 印迹法,其结合了凝胶电泳与固相免疫技术,将借助电泳所区分的蛋白质转移至固相载体,再应用酶免疫、放射免疫等技术进行检测。免疫印迹法包括以下 5 个步骤:

(1)固定:蛋白质进行聚丙烯酰胺凝胶电泳(polyacrylamide gel electrophoresis,PAGE),并从胶上转移到硝酸纤维素膜上。

(2)封闭:保持膜上没有特殊抗体结合的场所,使场所处于饱和状态,用以保护特异性抗体结合到膜上,并与蛋白质反应。

(3)初级抗体(第一抗体)是特异性的。

(4)第二抗体或配体试剂对于初级抗体是特异性结合并作为指示物。

(5)适当保温后的酶标记蛋白质区带,产生可见的、不溶解状态的颜色反应。

该法能对分子大小不同的蛋白质进行分离并确定其相对分子质量,常用于检测多种病毒抗体或抗原。

(六)免疫胶体金技术

免疫胶体金技术(immune colloidal gold technique)是一种以胶体金作为标记物的免疫标记技术。胶体金是由金盐被还原成原金后形成的金颗粒悬液,颗粒大小多在 1~100nm。

胶体金的光散射性与溶胶颗粒的大小密切相关,一旦颗粒大小发生变化,光散射也随之发生变异,产生肉眼可见的显著的颜色变化。小:2~5nm,橙黄色;中:10~20nm,酒红色;大:30~80nm,紫红色。

(七)免疫比浊

免疫比浊(immunonephelometry)是在一定量抗体中分别加入递增量的抗原,经一定时间形成免疫复合物,液体呈浑浊状态。用浊度计测量反应体系的浊度,可绘制标准曲线并依据浊度推算样品中抗原含量。

10-12　知识点测验题

第三节 检测淋巴细胞及其功能的体外试验

一、免疫细胞及其亚类的分离、鉴定和检测

(一)外周血单个核细胞的分离

体外检测淋巴细胞,先需制备外周血单个核细胞,常用的方法是葡聚糖-泛影葡胺(又称淋巴细胞分离液)密度梯度离心法。红细胞和多形核白细胞的比重(约1.092)大于单核细胞(约1.075),将抗凝血叠加于比重为1.077的分离液液面上,可通过低速离心而将不同比重的细胞分层:红细胞沉于管底;多形核白细胞密布于红细胞层与分离液之间;血小板悬浮于血浆中;单个核细胞则密于血浆层与分离液界面。该法分离淋巴细胞的纯度可达95%。若需进一步纯化淋巴细胞,可将单个核细胞铺于培养皿上,由于单核细胞易与玻璃黏附而滞留于平皿表面,未吸附的细胞即主要是淋巴细胞(图10-22)。

10-13 微课视频:
淋巴细胞的鉴定

10-14 知识点课件:
淋巴细胞的鉴定

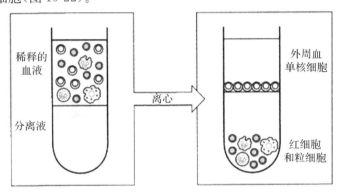

图10-22 密度梯度离心法分离单个核细胞

(二)淋巴细胞亚群的分离

淋巴细胞为不均一的群体,可借助其表面标志及功能差异而分为不同的群和亚群。

1.尼龙棉分离法 将淋巴细胞悬液通过尼龙棉柱,B细胞易与尼龙棉黏附而滞留于柱上,T细胞则不黏附,藉此可分离T细胞与B细胞。

2.E花结分离法 人成熟T细胞表面具有绵羊红细胞(SRBC)受体,能结合SRBC而形成花结(E花结试验),经密度梯度离心,花结形成细胞因比重增大而沉于管底,与其他细胞分离;用低渗法裂解花结中的SRBC,即获得纯化的T细胞(图10-23)。

3.洗淘法 将已知抗特定细胞表面标志的抗体包被聚苯乙烯培养板,加入淋巴细胞悬液,表达相应表面标志的细胞即结合于培养板表面,与悬液中的其他细胞分离。

图10-23 E花结分离法

4. 流式细胞术(flow cytometry,FCM)　借助荧光活化细胞分类仪(fluorescence-activated cell sorter,FACS)对细胞快速鉴定和分类,并进行多参数定量测定和综合分析的技术。样品与经多种荧光素标记的抗体反应,因荧光素发射光谱的波长不同,信号能同时被接收,故能同时分析细胞表面多个膜分子表达水平。该法可检测各类免疫细胞、细胞亚类及其比例。此外,借助光电效应,微滴通过电场时出现不同偏向,可分类收集所需细胞。

5. 磁分离技术　将特异性抗体与磁性微粒交联,称为免疫磁珠(immune magnetic bead,IMB)。IMB可与表达相应膜抗原的细胞结合,应用强磁场分离IMB及其所吸附的细胞,从而对特定的细胞进行分选,此为直接分离法。亦可用二抗包被磁性微珠,与任何已结合鼠源性一抗的细胞进行反应,从而分离细胞,此为间接分离法。

(三)T细胞及其亚群的鉴定和检测

1. E玫瑰花环形成试验　可用于人T细胞的鉴定和检测。绵羊红细胞和人外周血淋巴细胞在4℃孕育1~2h,检测花环样细胞集团数量。正常人外周血中E玫瑰花环形成细胞占淋巴细胞总数的60%~80%。

2. T细胞单克隆抗体对T细胞及其亚群的鉴定和检测　所用的抗体主要有CD_3 McAb、CD_4 McAb和CD_8 McAb。

方法:免疫荧光间接法。

外周血淋巴细胞分别用小鼠抗人CD_3、CD_4、CD_8 McAb(第一抗体)加荧光素标记的兔抗小鼠IgG抗体(第二抗体),在荧光显微镜下观察结合有荧光素标记抗体的细胞,亦可应用FCM自动计数荧光阳性细胞的百分率(图10-24)。

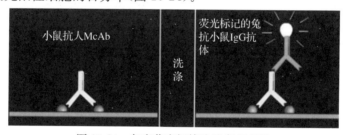

图10-24　免疫荧光间接法鉴定T细胞

结果如下:

(1)被CD_3 McAb着染荧光的细胞是总T细胞,包括Th、Th1、Th2、Tc、Ts细胞。

(2)被CD_4 McAb着染荧光的细胞是Th、Th1、Th2细胞。

(3)被CD_8 McAb着染荧光的细胞是Tc、Ts细胞。

计数100~200个淋巴细胞,计算出荧光阳性细胞百分率:

CD_3^+ T细胞占65%~80%,CD_4^+ T细胞占50%~60%,CD_8^+ T细胞占20%~30%,CD_4^+ T细胞与$CD8^+$ T细胞比值约为2:1。

(四)B细胞鉴定和检测

mIgM/D是B细胞表面特有的标志,通过对该标志的检测,可对B细胞进行鉴定和检测。

方法:免疫荧光直接法。

荧光素标记的兔抗人IgM/D抗体加外周血淋巴细胞,用直接免疫荧光染色、观察(图10-25)。着染荧光的

图10-25　免疫荧光直接法检测B细胞

细胞为 B 细胞,占淋巴细胞总数的 8%~12%。

二、淋巴细胞功能测定

(一)T 细胞功能检测

1. 淋巴细胞转化试验

10-15 微课视频:
淋巴细胞功能测定

(1)原理:T 细胞在特异性抗原或有丝分裂原的作用下转变为淋巴母细胞(体积更大、代谢旺盛),根据其转化程度和转化率,测定机体细胞免疫功能状态。

刺激物分为以下两类:

①非特异性刺激物:如各种丝裂原(PHA、ConA、LPS 等)、抗 CD2、抗 CD3 等细胞表面标志的抗体以及某些细胞因子等;正常人 T 细胞转化率约为 70%。

10-16 知识点课件:
淋巴细胞功能测定

②特异性刺激物:主要是特异性可溶性抗原、细胞表面抗原、结核菌素(OT 或 PPD)。正常人 T 细胞转化率为 5%~30%。

不同刺激物可刺激不同淋巴细胞分化增殖,从而反映不同淋巴细胞亚群的功能状态。

(2)测定方法:可采用放射性核素掺入法、比色法、荧光素标记法和形态学等方法。

①^{3}H-TdR 掺入法:在 T 细胞增殖过程中,胞内 DNA、RNA 合成增加,应用氚标记的胸腺嘧啶核苷(^{3}H-TdR)可掺入细胞新合成的 DNA 中,所掺入放射性核素的量与细胞增殖水平呈正比。借助液体闪烁仪测定样品的放射活性,可反映细胞的增殖状况。该法灵敏可靠,应用广泛,但需特殊仪器,易发生放射性污染。

②MTT 法:MTT 是一种噻唑盐,化学名为 3-(4,5-二甲基-2-噻唑)-2,5-二苯基溴化四唑,其掺入细胞后可作为胞内线粒体琥珀酸脱氢酶的底物,形成褐色甲臜颗粒并沉积于胞内或细胞周围,甲臜生成量与细胞增殖水平呈正相关。甲臜可被盐酸异丙醇或二甲基亚砜完全溶解,借助酶标测定仪检测细胞培养物 OD 值,可反映细胞增殖水平。该法灵敏度不及 ^{3}H-TdR 掺入法,但操作简便,且无放射性污染风险。

③形态学计数法:淋巴细胞受丝裂原刺激后,转化为淋巴母细胞,其形态和结构发生明显改变,通过染色镜检,可计算出淋巴细胞转化率。

2. 淋巴细胞参与的细胞毒性试验 CTL、NK 细胞可直接杀伤不同靶细胞(如肿瘤细胞、移植供体细胞等)。通过检测杀伤活性可用于肿瘤免疫、移植排斥反应、病毒感染等方面研究。

(1)^{51}Cr 释放法:用 $Na_2^{51}CrO_4$ 标记靶细胞,被效应细胞杀伤的靶细胞释放 ^{51}Cr,应用 γ 计数仪测定所释出的 ^{51}Cr 放射活性,可反映效应细胞的杀伤活性(图 10-26)。

(2)乳酸脱氢酶释放法:效应细胞-靶细胞进行反应并离心,借助比色法测定靶细胞膜受损后从胞内所释放出的乳酸脱氢酶活性,其水平反映效应细胞的杀伤活性。

(3)细胞凋亡检查法:效应细胞介导靶细胞凋亡时,内源性核酸水解酶将靶细胞 DNA 在核小体单位之间切断,产生 180~200bp(核小体单位长度)及其倍数的寡核苷酸片段,在琼脂糖电泳中呈现阶梯状 DNA 区带图谱,借此可反映细胞凋亡。

如需测定凋亡细胞数目及细胞类型,可在细胞培养基中加入末端脱氧核苷酸转移酶(terminal deoxyribonucleotidyl transferase,TdT)和生物素标记的核苷酸,TdT 能在游离的 DNA 3′端缺口连接标记的核苷酸,利用亲和素-生物素-酶放大系统,在 DNA 断裂处显色,从而指示凋亡细胞。该法所用标记核苷酸多为 dUTP,故称 TUNEL 法(terminal dexynucleotidyl transferase mediated dUTP nick end labeling)。

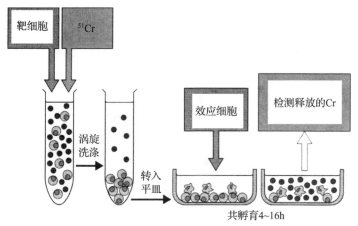

图 10-26 ⁵¹Cr 释放法细胞毒试验

3. 分泌功能测定 检测免疫细胞所分泌细胞因子和抗体水平,可反映机体免疫功能状态。

(1)细胞因子分泌细胞的测定:常采用反向溶血空斑试验(reversed hemolytic plaque assay,RHPA)和酶联免疫斑点试验(enzyme linked immunospot,ELISPOT)。RHPA 检测原理是:将分泌细胞因子的待测细胞置于经金黄色葡萄球菌 A 蛋白(SPA)包被的单层绵羊红细胞(SRBC)中,抗细胞因子抗体被 SPA 固定在 SRBC 表面,并与待测细胞所分泌细胞因子结合。在补体存在时,细胞因子及其抗体形成的复合物可激活补体,溶解附近的红细胞形成溶血空斑,空斑大小与细胞分泌细胞因子的量呈正比。

(2)抗体形成细胞测定:常用溶血空斑试验和定量溶血分光光度测定法。

常用溶血空斑试验即测定针对 SRBC 表面已知抗原的抗体形成细胞数目。其原理是:抗体形成细胞分泌的 Ig 与 SRBC 表面抗原结合,在补体参与下出现溶血反应。每一空斑中央含一个抗体形成细胞,空斑数目即为抗体形成细胞数(图 10-27)。亦可采用 RHPA 和 ELISPOT 法检测抗体分泌细胞。

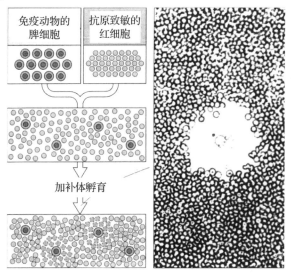

图 10-27 溶血空斑试验

定量溶血分光光度测定法原理:根据溶血空斑试验原理衍化而来。将绵羊红细胞免疫小鼠后获得的脾细胞(含抗体形成细胞)与绵羊红细胞(SRBC)及豚鼠新鲜血清(补体)按一定比例混合,37℃水浴1h后SRBC溶解,释放血红蛋白,离心后上清液中的血红蛋白可用分光光度计定量测定。所获上清液吸光值与抗体形成细胞(浆细胞)分泌的抗体量呈正比。

①直接溶血空斑试验法:检测分泌IgM的抗体形成细胞(图10-28)。

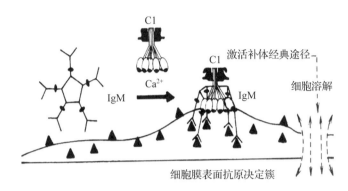

图10-28　直接溶血空斑试验作用机制

②间接溶血空斑试验法:检测分泌IgG或其他类别Ig的抗体形成细胞。

方法:前两步与直接法相同,第三步需加入抗IgG或其他抗抗体,再加豚鼠新鲜补体进行观察(图10-29)。

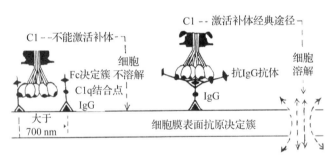

图10-29　间接溶血空斑试验作用机制

第四节　检测体液和细胞免疫功能的体内试验

皮肤试验是测定机体体液和细胞免疫状态的一种体内试验,用于过敏性疾病、传染病、免疫缺陷性疾病和肿瘤等的诊断、防治、疗效和预后的判定。

10-17　微课视频:
体内试验

一、检测体液免疫的皮肤试验

(一)速发型超敏反应皮肤试验

在注射青霉素、普鲁卡因、抗毒素血清时均需进行皮肤试验,以判定体内特异性IgE产生情况和机体的致敏状态。

方法:青霉素100U/mL,抗毒素血清1:1000,取0.1mL皮内注射,

10-18　知识点课件:
体内试验

20min 内观察结果。

结果:皮肤红晕水肿,直径大于 1cm,为"＋"。

(二)毒素皮肤试验

1.狄克试验(又称红疹毒素皮肤试验)　红疹毒素是 A 族链球菌产生的一种外毒素,是引起猩红热皮疹的主要物质。

试验目的:测定机体对猩红热是否易感? 检测体内是否具有红疹毒素抗体。

方法:0.1mL 红疹毒素注射于前臂皮内,6～24h 后观察。

结果:

(1)皮肤红斑直径大于 1cm,为"＋",表明受试者体内没有相应抗毒素,对猩红热易感。

(2)局部皮肤不出现红疹,说明注入的红疹毒素已被相应的抗毒素中和,机体对猩红热有抵抗力,不易感。

2.锡克试验　检测机体对白喉免疫力的皮肤试验。

方法和结果判定与狄克试验大致相同,注射白喉毒素后 24～48h 观察。

(1)局部皮肤红肿,为"＋",表明受试者体内没有相应抗毒素,对白喉毒素无免疫力。

(2)局部皮肤不红肿,表明白喉毒素被相应抗体中和,机体对白喉毒素有一定的免疫力。鉴于有人对白喉毒素有超敏反应,试验时应取另一份白喉毒素 80℃5min 破坏毒性,注射于受试者另一前臂皮内作为对照。

二、检测细胞免疫功能的皮肤试验

检测细胞免疫功能的皮肤试验是根据迟发型超敏反应(即细胞免疫反应)的发生机制建立的。抗原注入皮内,经 48～72h 观察结果。

(1)局部皮肤红肿,有硬结,直径大于 0.5cm,为"＋",表明细胞免疫功能正常。

(2)反应微弱或皮试阴性,表明细胞免疫功能低下。

用途:①某些传染病和免疫缺陷病的诊断;②观测肿瘤治疗的效果和判断其预后。

常用生物性抗原有结核菌素(old tuberculin,OT)、结核菌纯蛋白衍生物(purified protein derivative tuberculin,PPD)、念珠菌素(candicidin)、链激酶-链道酶(streptokinase-streptodornase,SK-SD)和植物血凝素(phytohemagglutinin,PHA)等。

10-19　研究性学习主题

10-20　章节作业

课后思考

1.凝集试验、免疫标记技术、酶联免疫吸附试验(ELISA)的概念。

2.试述抗原或抗体检测的应用。

10-21　思政案例题

第十一章

免疫防治

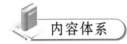

内容体系

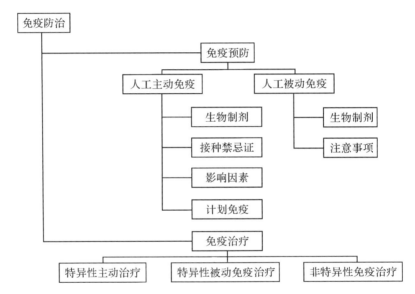

免疫防治
- 免疫预防
  - 人工主动免疫
    - 生物制剂
    - 接种禁忌证
    - 影响因素
    - 计划免疫
  - 人工被动免疫
    - 生物制剂
    - 注意事项
- 免疫治疗
  - 特异性主动治疗
  - 特异性被动免疫治疗
  - 非特异性免疫治疗

课前思考

1.重组新冠病毒疫苗(腺病毒载体)的制备机制。

2.你知道注射乙肝疫苗、卡介苗、百白破三联疫苗的目的是什么? 属于何种免疫?

3.你知道注射丙种球蛋白、胎盘球蛋白、抗毒素、IL-2、IFN 的目的是什么? 属于何种免疫?

4.注射疫苗和注射丙种球蛋白等制剂获得免疫力的方式各有什么特点?

5.请你举一个实例说明使用疫苗、何时使用丙种球蛋白等制剂的时机、理由及注意事项。

本章重点

1.人工主动免疫、人工被动免疫的特点、机制和影响因素。

2.特异性被动免疫治疗的特点。

教学要求

1. 熟悉免疫预防的种类。
2. 人工主动免疫、人工被动免疫的特点、机制和影响因素。

　　应用免疫制剂、免疫调节剂来建立、增强或抑制机体的免疫应答,调节免疫功能,达到预防和治疗疾病的目的称为免疫防治。

第一节　免疫预防

　　免疫预防(immunoprophylaxis)是根据特异性免疫应答的原理,采用人工方法将抗原(疫苗、类毒素等)或抗体(免疫血清、丙种球蛋白等)制成各种制剂,接种于人体,使其产生特异性免疫力,达到预防某些疾病的目的。

11-1　微课视频:
免疫制剂与预防

一、人工主动免疫

　　人工主动免疫是通过接种疫苗使机体产生特异性免疫力(如对某种病原体的免疫力)的方法。用于人工主动免疫的、含有具有抗原性物质的生物制品称为疫苗。

11-2　知识点课件:
免疫制剂与预防

(一)人工主动免疫的疫苗

　　1. 灭活疫苗　又称死疫苗。灭活疫苗是用经理化方法灭活的病原体制成的疫苗。伤寒、百日咳、霍乱、钩端螺旋体病、流感、狂犬病、乙型脑炎的病原体均已被制成了灭活疫苗。灭活疫苗进入人体后不能生长繁殖,对机体刺激时间短,要获得持久免疫力需多次重复接种。

　　2. 减毒活疫苗　减毒活疫苗来源于"野生"的细菌和病毒,这些细菌或病毒的致病力通常在实验室通过传代培养而被削弱。活疫苗的免疫效果良好、持久,有减毒活疫苗恢复毒力,在接种后引发相应疾病的报道。免疫缺陷者和孕妇一般不宜接受活疫苗接种。目前应用的减毒活疫苗包括卡介苗、口服脊髓灰质炎疫苗、麻疹疫苗、风疹疫苗、腮腺炎疫苗、乙脑活疫苗、水痘疫苗等。

　　3. 类毒素　细胞外毒素经甲醛处理后失去毒性,仍保留免疫原性,为类毒素。其中加适量磷酸铝和氢氧化铝即成吸附精制类毒素,特点:体内吸收慢,能长时间刺激机体,产生更高滴度抗体,增强免疫效果。接种类毒素可诱生机体产生相应外毒素的抗体,这种抗体被称为抗毒素,可中和外毒素的毒性。常用制剂的有破伤风类毒素和白喉类毒素等。

　　4. 新型疫苗

　　(1)亚单位疫苗:是采用病原体能引起保护性免疫应答的成分制成的疫苗,例如,采用从乙型肝炎患者血浆中提取的乙型肝炎病毒表面抗原制成的乙型肝炎疫苗;采用从细菌提取的多糖成分制备的脑膜炎球菌、肺炎球菌、B型流感杆菌的多糖疫苗。

　　(2)基因工程疫苗:是采用重组 DNA 技术和细菌发酵或细胞培养技术生产的蛋白多肽类

疫苗。如将乙型肝炎病毒表面抗原基因克隆入表达载体,再将此表达载体转入细菌或真核细胞,然后培养细菌或细胞生产乙型肝炎病毒表面抗原,这种乙型肝炎病毒表面抗原就是一种基因工程疫苗。

（3）合成肽疫苗:用有效免疫原的氨基酸序列设计合成的疫苗。合成肽分子小,免疫原性弱,常与脂质体交联诱导免疫应答。

（4）DNA疫苗:是携带能引起保护性免疫反应的抗原基因的真核细胞表达的质粒。这种质粒直接接种机体后,能引起保护性免疫反应的抗原基因表达出相应的蛋白多肽,后者可刺激机体的免疫系统发生免疫应答。该疫苗免疫效果好,持续时间长。

（5）转基因植物疫苗:将编码有效免疫原基因导入食用植物细胞基因中,免疫原在植物可食部位稳定表达,人类摄食达到接种目的。常用植物有蕃茄、马铃薯、香蕉等。

理想疫苗应具备的条件:①抗原高度纯化,无毒副作用;②免疫力持久;③免疫方法简单;④可与其他抗原混合使用;⑤价格便宜。

(二)我国新冠疫苗研制的五条路线

11-3　新冠疫情
思考题

1.灭活疫苗　灭活疫苗选用免疫原性强的病原体进行培养,用物理或化学方法将具有感染性的完整的病原体杀死,再经纯化制成。虽然灭活疫苗已失去对机体的感染力,但其仍保持免疫原性,可刺激机体产生相应的免疫力,抵抗野生毒株的感染,达到保护人体的作用。

疫苗是经灭活的病原体,安全性得以保障,不会返祖成致病力强的病毒。但是,因灭活后的病原体无法复制,对人体刺激时间较短,所以需要进行多次、大剂量的接种。

2.基因工程重组亚单位疫苗　基因工程重组亚单位疫苗的基本原理:首先鉴定出病原生物中哪些成分能够激发机体产生抗体,再分离出编码该蛋白亚基的基因,并转移到特定的载体DNA(大肠杆菌质粒DNA)上,大量增殖大肠杆菌,在菌体溶解后,就可获得大量相应的病毒蛋白亚基,将这些病毒蛋白亚基纯化,并与辅剂混合,就能生产大量该病毒的亚基疫苗。具有代表性的如单纯疱疹病毒疫苗、口蹄疫病毒疫苗、人乙型肝炎病毒疫苗等。

亚单位疫苗避免了无关抗原的抗体产生,从而减少了疫苗的不良反应和疫苗相关疾病,而且病原体不具有复制能力,适用于免疫力低下或缺陷人群。

3.腺病毒载体疫苗　目前,我国陈薇院士团队研发并进行Ⅲ期临床试验,向人体注射的疫苗就是腺病毒载体疫苗。陈薇院士之前就曾应用该载体做过埃博拉疫苗。病毒载体疫苗以病毒作为载体,将保护性抗原基因重组到病毒基因组中,使用能表达保护性抗原基因的重组病毒制成的疫苗。

腺病毒载体因具有基因组大小适中、转导效率高、宿主细胞范围广、安全性好的特点而广受青睐。这种疫苗多为活疫苗,用量少,抗原不需要纯化,抗原免疫原性接近天然,接种后靠重组体在机体内大量表达保护性抗原,刺激机体产生特异的免疫保护反应,载体本身可发挥佐剂效应,增强免疫效果。

腺病毒是个不错的载体,但是载体进入人体后,也被免疫系统认识了,所以腺病毒载体疫苗最大的问题是机体针对载体的免疫反应问题。机体预先存在的载体免疫会影响载体疫苗的初次免疫效果;载体疫苗接种产生的载体免疫反应会影响该疫苗再次免疫效果;载体免疫反应的存在将影响该载体广泛应用于其他疫苗的研发。

4.核酸疫苗　核酸疫苗有DNA疫苗和RNA疫苗。DNA疫苗可以是裸DNA疫苗,也可以包含佐剂和载体。将编码某种蛋白抗原的DNA直接注射到动物体内,使外源基因在宿主细胞内得到表达,再递呈给免疫系统,从而诱导特异性体液免疫和细胞免疫,尤其是细胞毒性T细胞的杀伤作用。

正如上述所说,这个过程很快,只要基因注射即可,因此研发周期也相对较快。目前,美、德两国正在进行中的正是这一款疫苗,不过使用的是 mRNA 疫苗。RNA 疫苗和 DNA 疫苗类似,只是将序列换成了 mRNA。

核酸疫苗的优势在于表达产物以天然抗原的形式递呈给免疫系统,无逆转风险,生产周期短,技术简便且稳定性高,缺陷在于免疫原性较差。

目前全球尚无人用核酸疫苗问世。

5.减毒流感病毒载体疫苗　减毒流感病毒载体疫苗以减毒的流感病毒作为载体,加入部分新冠病毒序列,在人体内产生相应蛋白,引发免疫反应,达到免疫效果。

该疫苗的特点是可通过鼻腔滴注方式接种,这和新冠肺炎病毒的侵入部位类似,预计能达到很好的接种效果。通过鼻腔滴注的方式接种比注射更方便,便于扩大接种规模。如果这个技术路线成功的话,既可以预防新冠病毒感染,又可以预防流感,一举两得。

(三)接种禁忌证

1.既往诊断有明确过敏史儿童,一般不予接种。

2.免疫缺陷者,应视为"绝对禁忌证"。

3.正在发热者,应暂缓接种(除一般的呼吸道感染外,发热可能是某种疾病的先兆)。

4.患有严重疾病者(如急性传染病、重症慢性疾患、神经系统疾患和精神病)可暂缓接种,待痊愈后补种。

5.各种疫苗还有不同禁忌证,应以说明书为准。

(四)影响免疫效果的因素

1.疫苗使用方面

(1)免疫起始月龄提前,母传抗体干扰和个体免疫系统发育不成熟。

(2)接种剂量不足达不到有效免疫应答,超量可加重反应,甚至免疫麻痹或免疫抑制。

(3)次数:针次不足,影响免疫效果;针次过多,不必要的浪费,且增加反应。针次间隔过短或过长都可影响免疫效果。

(4)操作中忽略疫苗本身特性,如酒精未干接种麻疹或出针时用酒精棉球压针眼处、脊髓灰质炎疫苗用热水送服等。

(5)疫苗贮运未按冷链要求,使效价降低。

2.疫苗本身

(1)疫苗性质,活苗与灭活疫苗不同。

(2)疫苗菌毒种的抗原型,疫苗型别与流行的病原型别是否相符,有无交叉免疫。

(3)疫苗效价和纯度,所含有效抗原成分高,非抗原成分少。

(4)含有佐剂的疫苗效果优于不含佐剂。

3.机体方面

(1)免疫功能不全或低下,或营养不良。

(2)患某些传染病后。

(3)或使用免疫抑制剂、免疫球蛋白被动免疫制剂等都会影响免疫效果。

(五)计划免疫

根据特定传染病疫情和人群免疫状况,有计划对儿童进行疫苗接种,以预防、控制、消灭传染病。

一类疫苗:14 种,预防 15 种传染病:乙肝疫苗、卡介苗、百白破疫苗、脊髓灰质炎疫苗、麻疹疫苗、白破疫苗、麻腮风疫苗、流脑 A 群疫苗、流脑 A+C 群疫苗、乙脑减毒活疫苗、甲肝减毒活疫苗、钩端螺旋体疫苗、流行性出血热疫苗、炭疽疫苗。

二类疫苗:又称"计划免疫外疫苗",包括风疹减毒活疫苗、甲型肝炎疫苗、A 群流行性脑脊髓膜炎疫苗、B 型流感嗜血杆菌疫苗、麻腮风三联疫苗、水痘疫苗、肺炎球菌多糖疫苗、流行性感冒疫苗、狂犬病疫苗、手足口病疫苗(肠道病毒 EV71 型疫苗)等。二类疫苗中有可替代一类疫苗的选择,乙肝疫苗就属于一类疫苗,但二类疫苗中也有乙肝疫苗可供选择,如进口的乙肝疫苗就是二类疫苗。二类疫苗由家长自由选择,自费注射。

二、人工被动免疫

给机体输入含有特异性抗体的免疫血清或细胞因子,把现成的免疫力转移给机体,以预防相应疾病的发生,称为人工被动免疫,这类生物制品称为被动免疫制剂。常用的人工被动免疫制剂有抗毒素、丙种球蛋白及细胞因子等。人工被动免疫的特点是见效快,但维持时间短,仅 2~3 周,需要多次重复接种。因此,人工被动免疫常用在治疗或紧急预防,在短时间内为免疫对象提供足够数量的抗体以预防感染。

(一)抗毒素

1890 年,Behring 和 Kitasato 首先发现了破伤风和白喉抗毒素能抵御破伤风和白喉的感染与发病,第二年,利用白喉抗毒素成功治愈了一名患白喉的女孩,从此开创了人类用异种动物免疫血清治疗人类疾病的新纪元。后来,人们发现某些血清治疗效果并不显著,加之新的治疗手段的出现,血清疗法逐渐减少。该制剂对人而言属异种蛋白,反复多次使用可能引起超敏反应,目前仅有白喉、破伤风、气性坏疽及肉毒 4 种抗毒素仍应用于临床。抗毒素多为马血清。

1. 破伤风抗毒素 破伤风抗毒素用于儿童预防接种时的方法和剂量与成人相同。1 次皮下或肌内注射 1500~3000IU,伤势严重者可增加用量 1~2 倍,经 5~6d,如破伤风危险未消除,应重复注射。破伤风抗毒素用于治疗时,第 1 次肌内或静脉注射 50000~200000IU,儿童与成人用量相同,以后视病情决定注射量与间隔时间,同时还可将适量抗毒素注射于伤口周围的组织中。破伤风抗毒素皮下注射应在上臂三角肌附着处,若同时注射类毒素,注射部位必须分别在左右臂,只有经过皮下或肌内注射未发生异常反应者,方可做静脉注射。

2. 肉毒抗毒素 凡食用了可疑的食物或与发病患者共餐了可疑的食物尚未发病者,皮下或肌内注射相应型或混合型肉毒抗毒素,每型 1000~2000IU,预防效果显著。对已发病患者尽早开始注射相应型或混合型抗毒素,每型 10000~20000IU,于肌内或静脉注射,以后视病情变化决定注射次数及剂量。

3. 白喉抗毒素 为预防接触白喉患者而感染,可一次注射白喉抗毒素 1000~2000IU,同时应在注射抗毒素后立即进行类毒素预防接种。因抗毒素维持时间较短,1~2 周时可再注射 1 次抗毒素;对白喉患者,尽早注射足量的抗毒素,同时采用其他有效手段进行综合治疗。

4. 气性坏疽抗毒素 用于预防和治疗由产气荚膜、梭菌等引起的感染。由于近年来新的治疗和预防气性坏疽的方法和手段不断推陈出新,气性坏疽抗毒素被淘汰的趋势是不可避免的。

(二)抗血清

1.抗蛇毒血清　抗蛇毒血清作为蛇伤治疗中特异性强的治疗药物,疗效显著。目前常用的抗蛇毒血清包括抗蝮蛇毒血清、抗五步蛇毒血清、抗银环蛇毒血清和抗眼镜蛇毒血清。由于抗蛇毒血清属异种蛋白,所以可采取先注射抗过敏药物,然后再注射抗血清,以减少过敏反应的发生。同时,抗蛇毒血清的早期和足量应用,可特异地中和扩散到体内各处的毒素,可以有效阻止病情的发展,为进一步的治疗争取了宝贵的时间。

2.抗炭疽血清　抗炭疽血清系由炭疽杆菌免疫马所得的血浆,经胃酶消化后纯化制成的液体抗炭疽球蛋白制剂。

3.抗狂犬病血清　单独使用抗狂犬病血清保护效果不佳,应与疫苗联合使用,但不能在同一部位注射,两者应分开。一般来说,疫苗与抗血清联合使用时,疫苗的抗原效价要高,抗血清的用量要适中,否则抗血清会干扰疫苗的效果。

(三)人免疫球蛋白制剂

人免疫球蛋白制剂是从大量混合血浆或胎盘中分离制成的免疫球蛋白浓缩剂。该制剂含多种病原体的抗体。肌内注射此制剂可对甲型肝炎、丙型肝炎、麻疹、脊髓灰质炎等病毒感染有应急预防的作用。

1.正常人免疫球蛋白　正常人免疫球蛋白又称丙种球蛋白,也可称为多价免疫球蛋白,有液体型和冻干型两种,仅供肌内注射。《中华人民共和国药典》规定蛋白质纯度应不低于蛋白质总量的90.0%。正常人免疫球蛋白主要用于预防一些病毒性感染,如甲型肝炎、丙型肝炎、麻疹等疾病的预防以及丙种球蛋白缺乏症的治疗。

2.静注人免疫球蛋白　由于正常人免疫球蛋白用于静脉注射时,许多患者会发生不同程度的类过敏反应,从头痛、恶心呕吐、面色苍白、发热、胸痛到呼吸困难、血压下降乃至意识丧失。如果患者有丙种球蛋白缺乏症,则发生不良反应的危险性更大,症状更严重。为此,人们进行了大量的研究,目前投入市场的静脉注射人免疫球蛋白系由健康人血浆,经低温乙醇蛋白分离法或经批准的其他分离法分离纯化,去除抗补体活性并经病毒灭活处理、冻干制成。《中华人民共和国药典》要求纯度不低于蛋白质总量的95.0%,乙型肝炎表面抗体效价按放射免疫法每1g IgG应不低于6.0IU,白喉抗体效价每1g IgG应不低于3.0HAU,抗补体活性应不高于50%。近年来研究证明,静注人免疫球蛋白主要用于抗体缺乏的替代治疗和作免疫调节的大剂量治疗。

3.特异性免疫球蛋白　与正常免疫球蛋白不同,这类制剂必须具有高滴度抗体,用于临床上特定疾病的预防和治疗。

(1)乙型肝炎免疫球蛋白:用于预防乙型肝炎,儿童1次注射100～200IU,成人1次注射200～400IU,必要时可间隔3～4周再注射1次。母婴阻断,患乙型肝炎 HBsAg 和 HBeAg 阳性母亲所生的婴儿出生24h内注射100～200IU乙型肝炎免疫球蛋白,注射后2～4周再接种乙型肝炎疫苗。乙型肝炎免疫球蛋白和乙肝疫苗联合使用,乙肝表面抗体阳转率可达95%以上;对患乙型肝炎 HBsAg 和 HBeAg 阳性母亲所生的新生儿保护率达85%以上。

(2)狂犬人免疫球蛋白:狂犬人免疫球蛋白主要用于接触狂犬病动物的预防,被病犬咬伤后立即按每千克体重肌内注射20IU狂犬人免疫球蛋白,若与狂犬病疫苗联合使用,效果更好。在预防狂犬病过程中,疫苗可作为重要补充,生效快、使用安全可靠、不会引起变态反应。

（3）破伤风人免疫球蛋白：主要用于破伤风的预防和治疗。因破伤风免疫球蛋白属同种蛋白，故疗效优于破伤风抗毒素，不会引起超敏反应，目前得到更为广泛的应用。

(四)细胞因子

细胞因子具有广泛的生物学活性，将细胞因子作为药物，可预防和治疗多种免疫性疾病。利用基因工程技术生产的重组细胞因子作为生物应答调节剂治疗肿瘤、感染、造血障碍等已获得良好疗效，有些细胞因子已成为某些疾病不可缺少的治疗手段。

使用被动免疫制剂应注意：①防止超敏反应的发生；②早期和足量；③不滥用丙种球蛋白。

随着科学技术的不断进步，被动免疫制剂的质量得到有效的提高，存在的问题正在逐步得到解决，而且某些被动免疫制剂作用已不局限于传统的预防和治疗，而成为治疗某些新的疾病的药物。被动免疫制剂的种类和应用范围正在不断扩展之中。

人工主动免疫与人工被动免疫的特点见表 11-1。

表 11-1　人工主动免疫和人工被动免疫的特点

项目	人工主动免疫	人工被动免疫
接种物质	抗原	抗体
接种次数	1～3 次	1 次
生效时间	2～3 周	立即
维持时间	数月至数年	2～3 周
主要用途	预防	治疗和紧急预防

第二节　免疫治疗

免疫治疗(immunotherapy)是针对异常的免疫状态，应用免疫制剂、免疫调节药物或其他措施来调节或重建免疫功能，以达到治疗疾病的目的。

11-4　微课视频：
免疫治疗

一、特异性主动免疫治疗

特异性主动免疫治疗是利用抗原性疫苗对机体进行免疫接种，诱导其产生特异性免疫应答或免疫耐受，达到治疗疾病的目的。

肿瘤疫苗：经加工、处理的肿瘤抗原肽制备的疫苗。

治疗病毒感染性疾病的疫苗：筛选出可有效诱导抗病毒免疫应答，但不引起免疫损伤的抗原表位（如 AIDS、HBV 的治疗性疫苗）。

治疗自身免疫病的疫苗：诱导免疫耐受。

11-5　知识点课件：
免疫治疗

二、特异性被动免疫治疗

特异性被动免疫治疗是直接向机体输注特异性免疫效应物质（抗体或激活的淋巴细胞），使机体立即获得某种特定的免疫力，达到治疗目的。

抗体：如破伤风抗血清治疗破伤风；抗 CD3、CD4 抗体来防治急性移植排斥反应。

人免疫球蛋白：胎盘、血浆丙种球蛋白、传染病恢复期患者的血清。

11-6　思政案
例题

激活的淋巴细胞:如 LAK,多用于肿瘤治疗。

三、非特异性免疫治疗

11-7　知识点
测验题

非特异性免疫治疗是采用非特异性免疫调节剂来调节机体免疫功能失衡的状况,以达到治疗或辅助治疗的目的。

1. 免疫增强剂　微生物及其产物(如 BCG 等)、植物多糖、中草药(如人参、黄芪等)、细胞因子(如 IFN、GM-CSF、IL-2 等)、化学药物(如左旋咪唑等)。

2. 免疫抑制剂　常用于防治器官移植排异、自身免疫病、过敏性疾病等。

11-8　研究性
学习主题

肾上腺皮质激素:抗炎、免疫抑制。治疗:炎症、超敏反应、排异等。

环磷酰胺:抑制 T 及 B 淋巴细胞增殖分化。治疗:自身免疫病、排异、肿瘤等。

环孢霉素 A:阻断 IL-2 转录抑制 T 淋巴细胞活化。治疗:排异、自身免疫病等。

FK-506:同环孢霉素 A,但作用强 10~100 倍。治疗:排异等。

雷帕霉素:选择性抑制 T 淋巴细胞。治疗:排异等。

课后思考

1. 何谓人工主动免疫和人工被动免疫? 两者有何区别?

2. 免疫治疗的措施有哪些?

11-9　知识拓展

免疫学课程学习参考资料

一、常用网址

中国免疫学信息网：http://www.immuneweb.com/
生物谷——免疫学：http://news.bioon.com/immunology/
生物通：http://www.ebiotrade.com/
中国生物信息：http://www.biosino.org/
科学网——生命科学：http://www.sciencenet.cn/life/
Nature News：http://www.nature.com/news/index.html
Science Now：http://sciencenow.sciencemag.org/

二、网络课程

北京大学视频公开课：医学免疫学
网址：http://www.icourses.cn/sCourse/course_3709.html

中国科学技术大学视频公开课：人体健康的卫士：免疫系统
网址：http://open.163.com/special/cuvocw/mianyixitong.html

上海交通大学医学院视频公开课：免疫学和免疫学检验概论
网址：http://open.163.com/movie/2015/10/P/S/MB4QG0ME4_MB7MF7HPS.html

复旦大学视频公开课：病原生物与人类艾滋病离我们有多远（下）
网址：http://open.163.com/movie/2012/7/P/V/M84L7NGDJ_M85UNKUPV.html

华东师范大学视频公开课：免疫与人类健康，疫苗——征服传染病的制胜法宝
网址：http://open.163.com/movie/2015/5/A/7/MAOG75RHG_MAOL5S2A7.html

陕西师范大学视频公开课：免疫系统对人体的保护作用和影响
网址：http://open.163.com/movie/2013/2/9/2/M8N87RF5F_M8OOVJN92.html

汕头大学视频公开课：医学微生物与免疫学
网址：http://www.icourses.cn/sCourse/course_6974.html

山东大学视频公开课:医学免疫学

网址:http://www.icourses.cn/sCourse/course_2795.html

北京理工大学视频公开课:基础免疫学

网址:http://www.icourse163.org/course/BIT-1002526008

厦门大学视频公开课:微生物学与免疫学实验

网址:http://www.icourse163.org/course/HZAU-1002480004

华中农业大学视频公开课:免疫学

网址:http://www.icourse163.org/course/HZAU-1002480004

新乡医学院视频公开课:医学免疫学

网址:http://www.icourse163.org/course/XXMU-1001793016

济宁医学院视频公开课:医学免疫学

网址:http://www.icourses.cn/sCourse/course_2159.html

南昌大学视频公开课:医学免疫学

网址:http://www.icourse163.org/course/NCU-1002081008

美国麻省理工学院视频公开课:免疫学

网址:http://open.163.com/movie/2010/1/7/8/M6S8NS5PR_M6S8R8G78.html

美国耶鲁大学视频公开课:生物医学工程探索、细胞通讯和免疫学

网址:http://open.163.com/movie/2008/1/B/I/M6GJ2B1NR_M6HUFRIBI.html

美国耶鲁大学视频公开课:1600 年以来西方社会的流行病 天花(二):接种与治疗

网址:http://open.163.com/movie/2011/5/A/M/M7VLPTGMC_M7VNL5TAM.html

三、推荐阅读图书

[1] Peter M Lydyard, Alex Whelan, Michael W Fanger. 免疫学:第 2 版[M]. 林慰慈,魏雪涛,薛彬,译. 北京:科学出版社,2015.

[2] 安云庆,姚智. 医学免疫学[M]. 3 版. 北京:北京大学医学出版社,2013.

[3] 曹雪涛,何维. 医学免疫学[M]. 3 版. 北京:人民卫生出版社,2015.

[4] 曹雪涛. 医学免疫学[M]. 6 版. 北京:人民卫生出版社,2013.

[5] 贾林涛,陈丽华. 免疫学:生命之窗[M]. 西安:第四军医大学出版社,2014.

[6] 李春艳. 免疫学基础[M]. 北京:科学出版社,2015.

[7] 余平. 医学免疫学学习指导与习题集[M]. 2 版. 北京:人民卫生出版社,2013.

[8] 周光炎. 免疫学原理[M]. 4 版. 北京:科学出版社,2018.

图书在版编目(CIP)数据

免疫学 / 陈永富主编. —杭州：浙江大学出版社，2021.3
ISBN 978-7-308-21052-2(2024.8 重印)

Ⅰ.①免…　Ⅱ.①陈…　Ⅲ.①免疫学—高等学校—教材　Ⅳ.①Q939.91

中国版本图书馆 CIP 数据核字(2021)第 024186 号

免　疫　学

陈永富　主编

策　　划	马海城	
责任编辑	阮海潮	
责任校对	王元新	
封面设计	续设计	
出版发行	浙江大学出版社	
	(杭州市天目山路 148 号　邮政编码 310007)	
	(网址：http://www.zjupress.com)	
排　　版	杭州星云光电图文制作有限公司	
印　　刷	杭州高腾印务有限公司	
开　　本	787mm×1092mm　1/16	
印　　张	10.5	
字　　数	276 千	
版 印 次	2021 年 3 月第 1 版　2024 年 8 月第 3 次印刷	
书　　号	ISBN 978-7-308-21052-2	
定　　价	47.00 元	

互联网+教育+出版

立方书

教育信息化趋势下，课堂教学的创新催生教材的创新，互联网+教育的融合创新，教材呈现全新的表现形式——教材即课堂。

 轻松备课　 分享资源　 发送通知　 作业评测　 互动讨论

"一本书"带走"一个课堂"　教学改革从"扫一扫"开始

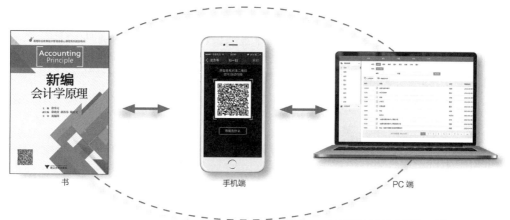

书　　　　　　　手机端　　　　　　　PC 端

打造中国大学课堂新模式

【创新的教学体验】

开课教师可免费申请"立方书"开课，利用本书配套的资源及自己上传的资源进行教学。

【方便的班级管理】

教师可以轻松创建、管理自己的课堂，后台控制简便，可视化操作，一体化管理。

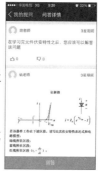

【完善的教学功能】

课程模块、资源内容随心排列，备课、开课，管理学生、发送通知、分享资源、布置和批改作业、组织讨论答疑、开展教学互动。

扫一扫 下载APP

教师开课流程

→ 在APP内扫描封面二维码，申请资源
→ 开通教师权限，登录网站
→ 创建课堂，生成课堂二维码
→ 学生扫码加入课堂，轻松上课

网站地址：www.lifangshu.com
技术支持：lifangshu2015@126.com；电话：0571-88273329